虚拟现实系统应用

主　编　许仁杰
副主编　张　勇　翟晓宁

中国宇航出版社
·北京·

图书在版编目（CIP）数据

虚拟现实系统应用 / 许仁杰主编 . -- 北京 : 中国宇航出版社，2022.7

ISBN 978-7-5159-2099-3

Ⅰ. ①虚… Ⅱ. ①许… Ⅲ. ①虚拟现实—研究 Ⅳ. ①TP391.98

中国版本图书馆 CIP 数据核字(2022)第 135397 号

责任编辑 张丹丹　　**封面设计** 宇星文化

出版 发行 中国宇航出版社

社 址 北京市阜成路 8 号　**邮 编** 100830

(010)68768548

网 址 www.caphbook.com

经 销 新华书店

发行部 (010)68767386　(010)68371900

(010)68767382　(010)88100613（传真）

零售店 读者服务部　(010)68371105

承 印 三河市君旺印务有限公司

版 次 2022 年 7 月第 1 版

2022 年 7 月第 1 次印刷

规 格 787×1092

开 本 1/16

印 张 8.75

字 数 148 千字

书 号 ISBN 978-7-5159-2099-3

定 价 58.00 元

《虚拟现实系统应用》
编 委 会

主　编　许仁杰

副主编　张　勇　翟晓宁

编　者　赵战彪　吴东亚　孙　岩　郑显柱
　　　　尚志斌　孙茂凡　余格非　田洪刚
　　　　张继军　张小明　程　洁　吕　莹

前　言

《虚拟现实系统应用》立足于虚拟现实的“3I”特性，阐述了虚拟现实的基础理论和技术发展，对虚拟现实系统开发工具、虚拟现实系统相关硬件进行了介绍，以实际的虚拟现实系统开发设计过程为引导，指导虚拟现实系统开发实战，并给出了虚拟现实技术应用实例。

本书对虚拟现实技术及其应用进行了详细阐述，具有很强的针对性和可操作性。通过对本书的学习，可以全面了解虚拟现实技术的发展脉络、理论基础、应用方法和开发实例。

本书可作为高等教育院校本科及研究生相关专业基础课教材，也可作为虚拟现实行业从业者的技术指导书。

本书主要由许仁杰、张勇、翟晓宁、赵战彪、吴东亚、孙岩、郑显柱、尚志斌、孙茂凡、余格非、田洪刚、张继军、张小明、程洁、吕莹编写。在完成此书过程中，编者参考了国内外相关领域的文档资料，在此对相关作者一并致谢。读者在使用过程中如对本书有意见和建议，欢迎来信交流。邮箱：jackyxu@bit. edu. cn。

目　录

第 1 章　虚拟现实技术概述

随着计算技术、图形技术和网络技术的迅速发展，计算机的应用正在进入一个崭新的阶段。从表 1－1 所示的计算机应用发展的三个阶段可以看出，虚拟现实技术是未来计算机领域的重要技术之一。

表 1－1　计算机应用的发展阶段

	第一阶段	第二阶段	第三阶段
用户	技术人员	专业人员	消费者
体系结构	主机	个人计算机	网络
显示	文本	2D 图形	虚拟现实
元素	请求　报告	窗口　菜单　图标	场景　替身
控制	文本　键盘	光标　鼠标	发掘　交谈

虚拟现实（Virtual Reality，VR）技术是一种由美国 VPL 公司创始人拉尼尔（Jaron Lanier）在 20 世纪 80 年代初提出、但在 20 世纪末才兴起的综合性信息技术。作为一项尖端技术，虚拟现实融合了数字图像处理、计算机图形学、多媒体技术、计算机仿真技术、传感器技术、显示技术和网络并行处理等多个信息技术分支，是一种由计算机生成的高科技模拟系统，它的出现大大地推进了计算机技术的发展。虚拟现实生成的视觉环境是立体的、音效是立体的、人机交互是和谐友好的，改变了人与计算机之间枯燥、生硬和被动地通过鼠标、键盘进行交互的现状。因此，目前虚拟现实技术已经成为计算机相关领域中继多媒体技术、网络技术及人工智能之后备受人们关注及研究、开发与应用的热点，也是目前发展最快的一项多学科综合技术。

1.1　虚拟现实的基本概念

1.1.1　虚拟现实的定义

“虚拟现实”一词是由英文 Virtual Reality 翻译而来的，它的另一个名称为 Virtual Environment（虚拟环境）。Virtual 是虚假的意思，说明这个世界或环境是虚拟的、不真实的、人造的，是存在于计算机内部的。Reality 是真实的意思，意味着现实的世界或现实的环境。两个词合并起来就是虚拟现实。国内也有人译为“灵境”，灵境是虚幻之所在，也有人译为“幻真”“临境”。这些译文都说明虚拟现实是人工创作的、由计算机生成的、存在于计算机内部的环境。用户可以通过自然的方式进入此环境，并与环境进行交互，从而产生置身于相应真实环境的虚幻感。在虚拟现实系统中，环境主要是计算机生成的三维虚拟世界。这种人机交互的环境或者世界通常包括三种情况。

第一种情况是完全对真实世界中的环境进行再现。如虚拟小区对现实小区的虚拟再现、军队中的虚拟战场、虚拟实验室中的各种仪器等，这种真实环境可能已经存在，也可能是已经设计好但是尚未建成，还可能是原来完好，现在已被破坏的，如图 1-1 所示。

第二种情况是完全虚拟的，是人类主观构造的环境。如影视制作或电子游戏中，三维动画展现的虚拟世界。此环境完全是虚构的，是用户可以参与并与之进行交互的非真实世界。但它的交互性和参与性不是很明显，如图 1-2 所示。

图 1-1　虚拟小区

图 1-2　虚拟人

第三种情况是对真实世界中人类不可见的现象或环境进行仿真。如分子结构、各种物理现象等，如图 1-3 所示。这种环境是真实环境客观存在的，但是受到人类视觉、听觉的限制不能被感觉到。

目前，虚拟现实技术的一般情况是以特殊的方式（如放大尺度的形式）进行模仿和仿真，使人能够看到、听到或者感受到，体现科学可视化。

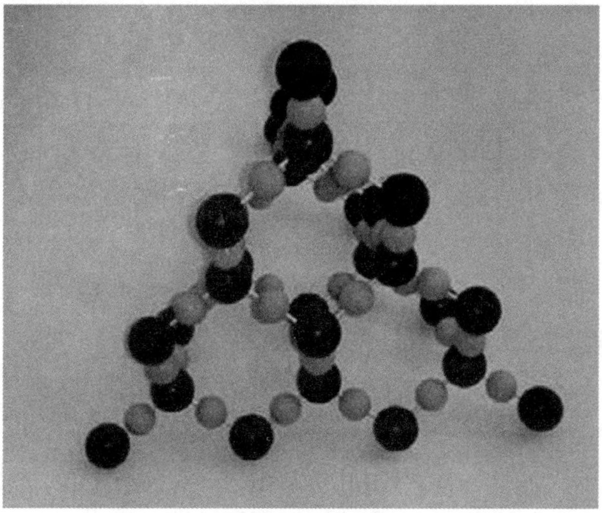

图 1 - 3　二氧化硅的分子示意图

由此，虚拟现实定义为用计算机技术生成一个逼真的三维视觉、听觉、触觉或嗅觉的感官世界，用户可借助一些专业传感设备，如传感头盔、数据手套等，完全融入虚拟空间，成为虚拟环境的一员，实时感知和操作虚拟世界中的各种对象，从而获得置身于相应的真实环境中的虚幻感、沉浸感，获得身临其境的感觉。在某种角度上，可以把它看成一个更高层次的计算机用户接口技术，通过视觉、听觉、触觉等信息通道来感受设计者的思想。此概念包含三层含义：

（1）环境

虚拟现实强调环境，而不是数据和信息。简言之，虚拟现实不仅重视文本、图形、图像、声音、语言等多种媒体元素，更强调综合各种媒体元素形成的环境效果。它以环境作为计算机处理的对象和人机交互的内容，开拓计算机应用的新思路。

（2）主动式交互

虚拟现实强调的交互方式是通过专业的传感设备来实现的，改进了传统的人机接口形式，即打破传统的用键盘、鼠标、屏幕被动地与计算机交互的方式。用户可以由视觉、听觉、触觉通过头盔显示器、立体眼镜、耳机以及数据手套等来感知和参与交互。虚拟现实人机接口是完全面向用户来设计的，用户可以通过在真实世界中的行为参与到虚拟环境中。

（3）沉浸感

虚拟现实强调的效果是沉浸感，即使人产生身临其境的感觉。传统交互方式下，人被动、间接、非直觉、有限地操作当前计算机，容易产生疲倦感。而虚拟现实系统通过相关的设备，采用逼真的感知和自然的动作，使人仿佛置身于真实世界，消除了枯燥、生硬和被动的感觉，大大提高了工作效率。

1.1.2　虚拟现实的本质特征

格里戈雷·博迪（Grigore Burdea）和菲利普·科菲特（Philippe Coiffet）在著作《虚拟现实技术》一书中指出，虚拟现实具有三个突出的特征：沉浸感（Immersion）、交互性（Interactivity）和构想性（Imagination），也就是人们熟知的 VR 的 3I 特性，如图 1－4 所示。

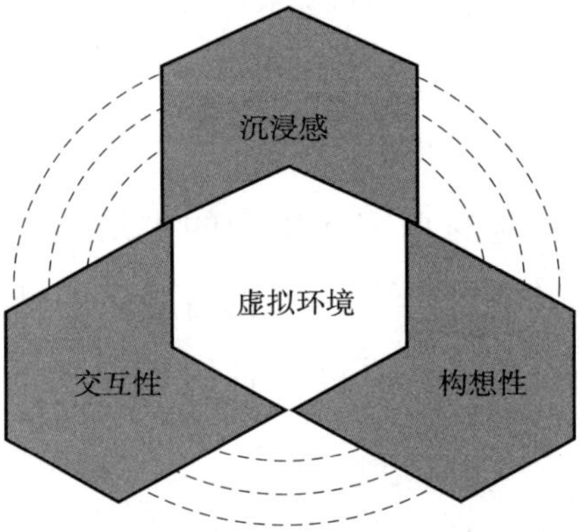

图 1－4　虚拟现实 3I 特性

（1）沉浸感

沉浸感又称临场感，是虚拟现实重要的技术特征，是指用户借助交互设备和自身感知系统，置身于虚拟环境中的真实程度。理想的虚拟环境应该使用户难以分辨真假，使用户全身心地投入到计算机创建的三维虚拟环境中，该环境中的一切看上去是真的、听上去是真的、动起来是真的，甚至闻起来、尝起来等一切感觉都是真的，如同在现实世界。

所以，在理想的状态下，虚拟现实技术应该具有一切人所具有的感知功能。即虚拟的沉浸感不仅通过人的视觉和听觉感知，还可以通过嗅觉和触觉等多维地去感受。于是有人相应地提出了视觉沉浸、听觉沉浸、触觉沉浸和嗅觉沉浸等，也就对相关设备提出了更高的要求。例如视觉显示设备需具备分辨率高、画面刷新频率高的特点，并提供具有双目视差、覆盖人眼可视的整个视场的立体图像；听觉设备能够模拟自然声、碰撞声，并能根据人耳的机理提供判别声音方位的立体声；触觉设备能够让用户体验抓、握等操作的感觉，并能够提供力反馈，让用户感受到力的大小、方向等。

(2) 交互性

交互性是指用户通过使用专门的输入和输出设备，用人类的自然感知对虚拟环境内物体的可操作程度和从环境得到反馈的自然程度。虚拟现实系统强调人与虚拟世界之间以近乎自然的方式进行交互，即用户不仅可通过传统设备（键盘和鼠标等）和传感设备（特殊头盔、数据手套等）交互，使用自身的语言、身体的运动等自然技能也能对虚拟环境中的对象进行操作，而且计算机能够根据用户的头、手、眼、语言及身体的运动来调整系统呈现的图像及声音。例如，用户可以用手去直接抓取虚拟环境中虚拟的物体，不仅有握着东西的感觉，并能感受物体的重量，视场中被抓的物体也能随着手的移动而移动。

(3) 构想性

构想性又称创造性，是虚拟世界的起点。想象力引导设计者构思和设计虚拟世界，并体现出设计者的创造思想。所以，虚拟现实系统是设计者借助虚拟现实技术，发挥其想象力和创造力而设计的。例如，建造一座现代化的桥梁之前，设计师要对其结构做细致的构思，传统的方法是极少数内行人花费大量的时间和精力去设计许多量化的图纸，而现在采用虚拟现实技术进行仿真，设计者的思想以完整的桥梁呈现出来，简明生动，一目了然。所以有些学者称虚拟现实为放大或夸大人们心灵的工具，或人工现实（Artificial Reality)，这有效地体现了虚拟现实的构想性。

综上所述，虚拟现实的三个特性——沉浸感、交互性、构想性，生动地说明虚拟现实对现实世界不仅是对三维空间和一维时间的仿真，而且是对自然交互方式的虚拟。具有 3I 特性的完整虚拟现实系统不仅让人达到身体上的完全沉浸，而且精神上也是完全地投入其中。

1.1.3　虚拟现实系统的组成

根据虚拟现实的基本概念及相关特征可知，虚拟现实技术是融合计算机图形学、智能接口技术、传感器技术和网络技术等的综合性技术。虚拟现实系统应具备与用户交互、实时反映所交互的结果等功能。所以，一般的虚拟现实系统主要由专业图形处理计算机、应用软件系统、输入输出设备和数据库组成，如图 1－5 所示。

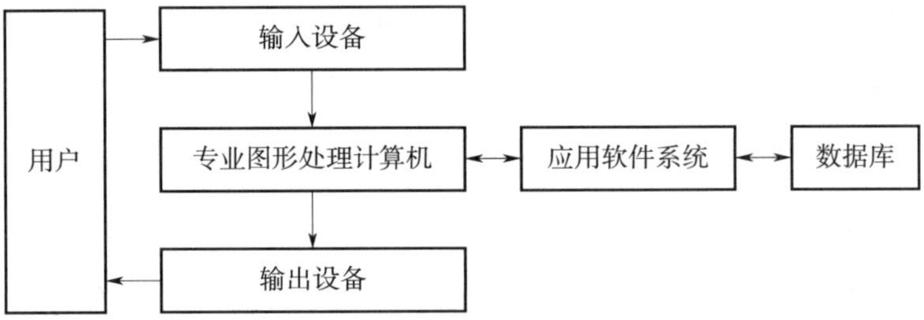

图 1－5　虚拟现实系统的组成

（1）专业图形处理计算机

计算机在虚拟现实系统中处于核心地位，是系统的心脏，是 VR 的引擎。计算机主要负责从输入设备中读取数据，访问与任务相关的数据库，执行任务要求的实时计算，从而实时更新虚拟世界的状态，并把结果反馈给输出显示设备。由于虚拟世界是一个复杂的场景，系统很难预测所有用户的动作，也就很难在内存中存储所有的相应状态，因此虚拟世界需要实时绘制和删除，从而大大地增加了计算量，这对计算机的配置提出了极高的要求。

（2）应用软件系统

虚拟现实的应用软件系统是实现 VR 技术应用的关键，提供了工具包和场景图，主要完成虚拟世界中对象的几何模型、物理模型、行为模型的建立和管理；三维立体声的生成、三维场景的实时绘制；虚拟世界数据库的建立与管理等。目前这方面国外的软件比较成熟，如 MultiGen Creator、VEGA、EON Studio 和 Unreal、Unity、Cryengine 等。国内也有一些比较好用的软件，例如中视典公司的 VRP 软件等。

（3）数据库

数据库用来存放整个虚拟世界中所有对象模型的相关信息。在虚拟世界中，场景需要实时绘制，大量的虚拟对象需要保存、调用和更新，所以需要数据库对对象模型进行分类管理。

（4）输入设备

输入设备是虚拟现实系统的输入接口，其功能是检测用户的输入信号，并通过传感器输入计算机。基于不同的功能和目的，输入设备除了包括传统的鼠标、键盘外，还包括用于手姿输入的数据手套、身体姿态交互的数据衣、语音交互的麦克风等，以解决多个感觉通道的交互。

（5）输出设备

输出设备是虚拟现实系统的输出接口，是对输入的反馈。由计算机生成的信息通过传感器传给输出设备，输出设备以不同的感觉通道（视觉、听觉、触觉）反馈给用户。输出设备除了包括屏幕外，还包括声音反馈的立体声耳机、力反馈的数据手套以及大屏幕立体显示系统等。

1.2 虚拟现实系统的分类

根据用户参与和沉浸感的程度，通常把虚拟现实分成4大类：桌面虚拟现实系统、沉浸式虚拟现实系统、增强现实系统和分布式虚拟现实系统。

1.2.1 桌面虚拟现实系统

桌面虚拟现实系统（Desktop VR）是一种基于普通个人计算机（PC）平台的小型桌面虚拟现实系统。使用PC或初级图形PC工作站去产生仿真，计算机的屏幕作为用户观察虚拟环境的窗口。用户坐在PC显示器前，戴着立体眼镜，并利用位置跟踪器、数据手套或者6个自由度的三维空间鼠标等设备操作虚拟场景中的各种对象，并可以在360°范围内浏览虚拟世界。然而用户是不能够完全投入的，因为即使戴上立体眼镜，屏幕的可视角也仅仅是20°～30°之间，仍然会受到周围现实环境的干扰，如图1-6所示。有时为了增强桌面虚拟现实系统的投入效果，在桌面虚拟现实系统中还会借助专业的投影机（RGB），达到增大屏幕范围和多数人观看的目的。桌面虚拟现实系统的体系结构如图1-7所示。

图 1－6　桌面虚拟现实系统

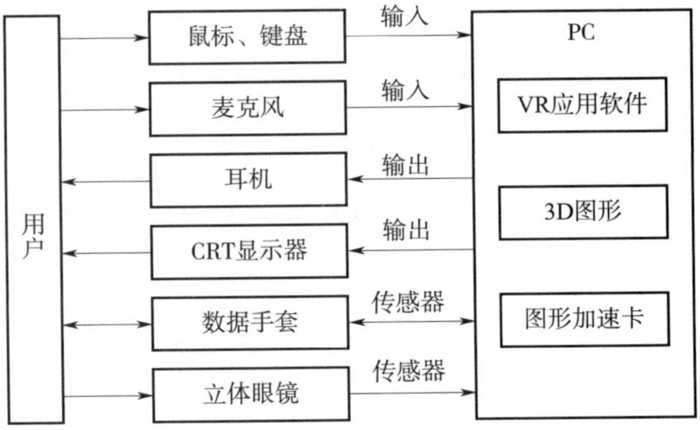

图 1－7　桌面虚拟现实系统的体系结构

桌面虚拟现实系统虽然缺乏头盔显示器的投入效果，但已经具备了虚拟现实技术的技术要求，并且其成本相对低很多，所以目前应用较为广泛。例如，高考结束的学生在家里可以参观未来大学里的基础设施，如学校里的虚拟校园、虚拟教室和虚拟实验室等；虚拟小区、虚拟样板房不仅为买房者带来了便利，也为商家带来了利益。桌面虚拟现实系统主要用于计算机辅助设计、计算机辅助制造、建筑设计、桌面游戏、军事模拟、生物工程、航空航天、医学工程和科学可视化等领域，如图 1－8～图 1－11 所示。

图 1－8　虚拟古建筑

图 1－9　虚拟游戏

图 1－10　生物研究

图 1－11　地理研究

1.2.2　沉浸式虚拟现实系统

沉浸式虚拟现实系统（Immersive VR）是一种高级的、较理想的、较复杂的虚拟现实系统。它采用封闭的场景和音响系统将用户的视听觉与外界隔离，使用户完全置身于计算机生成的环境之中，用户通过利用空间位置跟踪器、数据手套和三维鼠标等输入设备输入相关数据和命令，计算机根据获取的数据测得用户的运动和姿态，并将其反馈到生成的视景中，使用户产生一种身临其境、完全投入和沉浸其中的感觉。沉浸式虚拟现实系统的体系结构如图 1 - 12 所示。

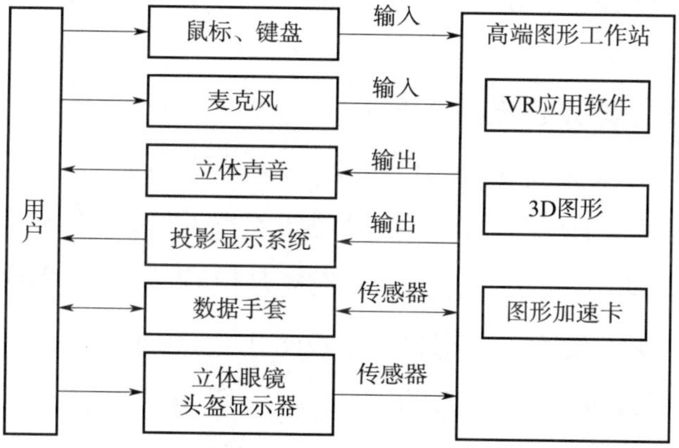

图 1 - 12　沉浸式虚拟现实系统的体系结构

（1）沉浸式虚拟现实系统的特点

沉浸式虚拟现实系统与桌面虚拟现实系统相比，具有以下特点：

1）具有高度的实时性。即当用户转动头部改变观察点时，空间位置跟踪设备及时检测并输入计算机，由计算机计算、快速地输出相应的场景。为使场景快速平滑地连续显示，系统必须具有足够小的延迟，包括传感器的延迟、计算机计算延迟等。

2）具有高度的沉浸感。沉浸式虚拟现实系统必须使用户与真实世界完全隔离，不受外界的干扰，依靠相应的输入和输出设备，完全沉浸到环境中。

3）具有先进的软硬件。为了提供“真实”的体验，尽量减少系统的延迟，必须尽可能利用先进的、相容的硬件和软件。

4）具有并行处理的功能。这是虚拟现实的基本特性，用户的每一个动作都涉及多个设备综合应用，例如用手指指向一个方向并说："那里!"会同时激活三个设备：头部跟踪器、数据手套及语音识别器，产生三个同步事件。

5）具有良好的系统整合性。在虚拟环境中，硬件设备互相兼容，并与软件系统很好地结合，相互作用，构造一个更加灵巧的虚拟现实系统。

沉浸式虚拟现实系统的优点是用户可完全沉浸到虚拟世界中。例如，在消防仿真演习系统中，消防员会沉浸于极度真实的火灾场景并做出不同反应。但有一个很大的缺点是系统设备尤其是硬件价格相对较高，难以大规模普及推广。

沉浸式虚拟现实系统主要依赖于各种虚拟现实硬件设备，如头盔显示器、舱型模拟器、投影虚拟现实设备和其他一些手控交互设备等。参与者戴上头盔显示器后，外部世界就被有效地屏蔽在视线以外，其仿真经历要比桌面虚拟现实系统更可信、更真实。

（2）沉浸式虚拟现实系统的类型

常见的沉浸式虚拟现实系统有头盔式虚拟现实系统、洞穴式虚拟现实系统、座舱式虚拟现实系统、投影式虚拟现实系统和远程存在系统等。

1）头盔式虚拟现实系统。采用头盔式虚拟现实系统实现单用户的立体视觉、听觉的输出，使人完全沉浸其中，如图 1－13 所示。

2）洞穴式虚拟现实系统（CAVE）。该系统是一种基于多通道视景同步技术和立体显示技术的房间式投影可视协同环境，可提供一个房间大小的四面（或六面）立方体投影显示空间，供多人参与，所有参与者均完全沉浸在一个被立体投影画面包围的高级虚拟仿真环境中，借助相应虚拟现实交互设备（如数据手套、力反馈装置、位置跟踪器等），从而获得一种身临其境的高分辨率三维立体视听影像和 6 个自由度的交互感受，如图 1－14 所示。

图 1－13　头盔式虚拟现实系统

图 1－14　洞穴式虚拟现实系统

3）座舱式虚拟现实系统。座舱是一种古老的虚拟现实模拟器。当用户进入座舱后，不用佩戴任何现实设备，就可以通过座舱的窗口观看一个虚拟境界。该窗口由一个或多个计算机显示器或视频监视器组成，用来显示虚拟场景。

4）投影式虚拟现实系统。该系统是采用一个或多个大屏幕投影来实现大画面的立体视觉和听觉效果，使多个用户同时具有完全投入的感觉，如图1-15和图1-16所示。

图1-15　环幕投影式虚拟现实系统

图1-16　球面体投影系统

5）远程存在系统。远程存在是一种远程控制形式，用户虽然与某个真实现场相隔遥远，但可以通过计算机和电子装置获得足够的感觉现实和交互反馈，恰似身临其境，并可以介入对现场进行遥操作。此系统需要一个立体显示器和两台摄像机生成三维图像，这种图像使操作员有一种深度的感觉，观看的虚拟境界更清晰、真实。

1.2.3　增强现实系统

增强现实系统（Augmented Reality，AR）的产生得益于20世纪60年代以来计算机图形学技术的迅速发展，是近年来国内外众多知名学府和研究机构的研究热点之一。它是借助计算机图形技术和可视化技术产生现实环境中不存在的虚拟对象，并通过传感技术将虚拟对象准确“放置”在真实环境中，借助显示设备将虚拟对象与真实环境融为一体，并呈现给使用者一个感官效果很真实的新环境。因此增强现实系统具有虚实结合、实时交互和三维注册的新特点，即增强现实系统是把真实环境和虚拟环境组合在一起的一种系统，它既允许用户看到真实世界，同时又可以看到叠加在真实世界的虚拟对象。这种系统既可减少对构成复杂真实环境的计算，又可对实际物体进行操作，真正达到亦真亦幻的境界。

在视觉化的增强现实系统中，用户利用头盔显示器，把真实世界与计算机图形多重合成在一起，便可以看到真实的世界围绕着它。其实增强现实系统不仅仅局限在视觉上对真实场景进行增强，实际上任何不能被人的感官所察觉但却能被机器（各种传感器）检测到的信息，通过转化，以人可以感觉到的方式（图像、声音、触觉和嗅觉等）叠加到人所处的真实场景中，都能起到对现实的增强作用。

常见的增强现实系统主要有基于台式图形显示器的系统、基于单眼显示器的系统、基于光学透视式头盔显示器的系统、基于视频透视式头盔显示器的系统等。

增强现实系统的最大特点不是把用户与真实世界隔离，而是将真实世界和虚拟世界融为一体，用户可以与两个世界进行交互，方便工作。例如，工程技术人员在进行机械安装、维修、调试时，通过头盔显示器，可以将原来不能呈现的机器内部结构以及它的相关信息、数据完全呈现出来，并按照计算机（移动计算机）的提示进行工作，解决技术难题，使工作变得非常方便、快捷、准确，摒弃了以前需要带着大量、笨重的资料在身边，边工作边查阅，一旦出现难题、紧急情况就会不知所措的落后的方法。增强现实是在虚拟环境与真实世界之间的沟壑间架起的一座桥梁，因此，增强现实的应用潜力相当巨大，在尖端武器、飞行器的研制与开发、数据模型的可视化、虚拟训练、娱乐与艺术等领域具有广泛的应用，而且由于其具有能够对真实环境进行增强显示输出的特性，在医疗研究与解剖训练、精密仪器制造和维修、军用飞机导航、工程设计和远程机器人控制等领域具有比其他 VR 技术更加明显的优势。图 1－17 所示为一个典型的增强现实系统使用场景。

1.2.4 分布式虚拟现实系统

分布式虚拟现实系统（Distributed VR）的研究开发工作可追溯到 20 世纪 80 年代初。1983 年，美国国防部（DOD）制定了 SIMNET 的研究计划；1985

图1-17　增强现实建筑设计系统

年，SGI公司成功开发了网络VR游戏Dog Flight。到了20世纪90年代，一些著名大学和研究所的研究人员也开展了对分布式虚拟现实系统的研究工作，并陆续推出了多个实验性分布式虚拟现实系统或开发环境，典型的例子有1990年美国NPS开发的NPSNET，1992年美国斯坦福大学的Paradise/Inverse系统，1993年瑞典计算机科学研究所的DIVE以及加拿大Albert大学的MR工具库，1994年新加坡国立大学的BrickNet以及英国Nottingham大学的Aviary。

分布式虚拟现实系统是一个基于网络的可供异地多用户同时参与的分布式虚拟环境。在这个环境中，位于不同物理环境位置的多个用户或多个虚拟环境通过网络相连接，使多个用户同时参加一个虚拟现实环境，通过计算机与其他用户进行交互、共享信息，并对同一虚拟世界进行观察和操作，以达到协同工作的目的。分布式虚拟现实系统具有以下特征：

1）共享的虚拟工作空间；

2）伪实体的行为真实感；

3）支持实时交互，共享时钟；

4）多个用户以多种方式相互通信；

5）资源信息共享以及允许用户操作环境中的对象。

分布式虚拟现实系统是基于网络的虚拟环境，在这个环境中，位于不同物理环境位置的多个用户或多个虚拟环境通过网络相连接。根据分布式系统环境下所运行的共享应用系统的个数，可把 DVR 系统分为集中式结构和复制式结构两种。

集中式结构是只在中心服务器上运行一份共享应用系统，该系统可以是会议代理或对话管理进程。中心服务器的作用是对多个参与者的输入输出操作进行管理，允许多个参与者信息共享。它的特点是结构简单，容易实现，但对网络通信带宽有较高的要求，并且高度依赖于中心服务器。

复制式结构是在每个参与者所在的机器上复制中心服务器，这样每个参与者进程都有一份共享应用系统。服务器接收来自其他工作站的输入信息，并把信息传送到运行在本地机器上的应用系统中，由应用系统进行所需要的计算并产生必要的输出。它的优点是所需网络带宽较小。另外，由于每个参与者只与应用系统的局部备份进行交互，因此交互式响应效果好。

但复制式结构比集中式结构复杂，在维护共享应用系统的多个备份信息或状态一致性方面比较困难。分布式虚拟现实系统的设计与实现必须考虑以下因素：

1）网络带宽的发展。网络带宽是虚拟世界大小和复杂度的一个决定因素。当用户增加时，网络的延迟就会明显，对带宽的需求也随之增加。

2）先进的硬件设备和软件技术。为了减少数据传输的延迟，实现实时操作，增强真实感，必须采用兼容的先进的硬件设备。例如改进路由器和交换技术，使用快速交换接口，对计算机进行硬件升级。

3）分布机制。分布机制直接影响系统的可扩充性。常用的消息发布方法为广播、多播和单播。其中，多播机制允许任意大小的组在网上进行通信，它能为远程会议系统和分布式仿真应用系统提供一对多和多对多的消息发布服务。

4）可靠性。在增加通信带宽和减少通信延迟这两方面进行权衡时，应考虑通信的可靠性问题。可靠性是能够顺利通信的保证之一，它由具体的应用需求来决定。有些协议有较高的可靠性，但传输速度慢，还有一些协议则反之。分布式虚拟现实的典型实例是在军事训练中应用的 SIMNET 系统。此系统中军队被布置在与实际车辆和指挥中心相同的位置，它们可以看到一个有山、树、云彩、硝烟、道路以及由其他部队操纵的车辆的模拟现场。这些由实际人员操纵的车辆可以相互射击，系统利用无线电通信和声音效果来加强真实感。系统的每个用户可以通过环境视点来观察别人的举动。炮火的显示极为逼真，用户可以看到被攻击部队炸毁的情况。SIMNET 系统可将多达 1000 个部队用网络连接起来。因此，SIMNET 被称为第一个廉价而又实用的模拟网络系统，它可以用来训练坦克、直升机以及战斗演习，并训练部队之间的协同作战能力。

目前，分布式虚拟现实系统在远程教育、科学计算可视化、工程技术、建筑、电子商务、交互式娱乐和艺术等领域都有着极其广泛的应用前景。利用它可以创建多媒体通信、设计协作系统、实境式电子商务、网络游戏和虚拟社区等全新的应用系统。

1.3　虚拟现实的发展和现状

1.3.1　虚拟现实的发展历程

计算机技术的发展促进了多种技术的飞速发展。虚拟现实技术漫长的发展过程主要经历了以下三个阶段：

（1）20 世纪 50 年代—70 年代，虚拟现实技术的探索阶段

1956 年，在全息电影技术的启发下，美国电影摄影师莫顿 · 海林（Morton Heiling）开发了 Sensorama。Sensorama 是一个可多通道体验的显示系统。用户可以感知到事先录制好的体验，包括景观、声音和气味等。

1960 年，莫顿 · 海林研制的基于 Sensorama 的立体电影系统获得了美国专利，此设备与 20 世纪 90 年代的 HMD 非常相似，只能供一个人观看，具有能提供多种感官刺激的立体显示设备。

1965 年，计算机图形学的奠基者，美国科学家伊万 · 萨瑟兰（Ivan Sutherland）博士在国际信息处理联合会提出了“The Ultimate Display（终极

显示）”的概念，首次提出了全新的、富有挑战性的图形显示技术，即不通过计算机屏幕这个窗口来观看计算机生成的虚拟世界，而是使观察者直接沉浸在计算机生成的虚拟世界中，就像生活在客观世界中。随着观察者随意转动头部与身体，其所看到的场景就会随之发生变化，也可以用手、脚等部位以自然的方式与虚拟世界进行交互，虚拟世界会产生相应的反应，使观察者有一种身临其境的感觉。

1968年，伊万·萨瑟兰使用两个可以戴在眼睛上的阴极射线管研制出了第一个头盔式显示器。20世纪70年代，伊万·萨瑟兰在原来的基础上把模拟力量和触觉的力反馈装置加入到系统中，研制出了一个功能较齐全的头盔式显示器系统。该显示器使用类似于电视机显像管的微型阴极射线管（CRT）和光学器件，为每只眼镜显示独立的图像，并提供有与机械或超声波跟踪器的接口。

1976年，迈伦·克鲁格（Myron Kruger）完成了Videoplace原型，他使用摄像机和其他输入设备创建了一个由参与者动作控制的虚拟世界。

（2）20世纪80年代初期—中期，虚拟现实技术系统化，从实验室走向实用阶段

20世纪80年代，美国VPL公司的创始人杰伦·拉尼尔（Jaron Lanier）正式提出了“Virtual Reality”一词。当时，研究此项技术的目的是提供一种比传统计算机模拟更好的方法。1984年，NASA研究中心虚拟行星探测实验室开发了用于火星探测的虚拟世界视觉显示器，将火星探测器发回的数据输入计算机，为地面研究人员构造火星表面的三维虚拟世界。

（3）20世纪80年代末期至今，虚拟现实技术高速发展的阶段

1996年10月31日，世界上第一个虚拟现实技术博览会在伦敦开幕。全世界的人们可以坐在家中通过互联网参观这个没有场地、没有工作人员、没有真实展品的虚拟博览会。

1996年12月，世界上第一个虚拟现实环球网在英国投入运行，互联网用户可以在一个由立体虚拟现实世界组成的网络中遨游，身临其境般地欣赏各地风光、参观博览会、在大学课堂听讲座等。

目前，迅速发展的计算机硬件技术与不断改进的计算机软件系统极大地推动了虚拟现实技术的发展，使基于大型数据集合的声音和图像的实时动画制作成为可能。人机交互系统的设计不断创新，很多新颖、实用的输入输出设备不

断地出现在市场上，为虚拟现实系统的发展打下了良好的基础。

1.3.2　国外虚拟现实技术的研究现状

美国是虚拟现实技术研究的发源地，其研究水平基本代表了国际虚拟现实技术发展的水平。近年来，虚拟现实在美国航空航天和军事领域的若干成功应用获得了巨大经济效益和社会效益，促使美国政府进一步加大了对虚拟现实技术研究的支持力度。

在军事领域，虚拟现实在武器系统的性能评价和设计、操纵训练和大规模军事演习及战役指挥方面发挥了重要作用。美国已初步建成一些洲际范围的分布式虚拟环境，并将有人操纵和半自主兵力引入虚拟的战役空间，在世界上处于领先地位。美国空军技术研究所（Air Force Institute of Technology）主要研究人类因素的检测、计算机图形学以及与大规模分布综合环境应用有关的人机交互问题，尤其是研究培养实际操作人员的环境。其目标是实现在大规模、复杂的环境中，活动者在明确的目标驱动下，主动采取行动的过程。海军研究生院图形和图像实验室（Naval Postgraduate School Graphics and Video Laboratory）主要研究基于网络化虚拟环境的交互仿真开发低成本模拟器。目前正在研制一种便宜、实时网络化的飞行模拟器 NPSNET4，它使用 SIMNET 和分布式交互仿真两种协议进行主机之间的通信。美国陆军研究所（U. S. Army Research Institute）从事虚拟环境的行为科学和计算机科学两方面的研究，并在美国陆军委员会支持下用于战斗训练的仿真电子战场中。密歇根大学（University of Michigan）承担了 SOAR 项目，其目的是通过提供改进的空军仿真兵力来扩充 LORAL MODSAF。这一计划将使美国国防部在虚拟战役仿真中更加智能化和难以战胜，同时具备时态推理能力、多目标管理和传感能力，使管理和操纵虚拟兵力的人尽量减少。

在航天领域，NASA 已经建立了航空、卫星维护 VR 训练系统和空间站 VR 训练系统，并且建立了可供全国使用的 VR 教育系统。北卡罗来纳大学（UNC）是进行 VR 研究较早的大学，主要研究分子建模、航空驾驶、外科手术仿真和建筑仿真等。乔治梅森大学研制出一套在动态虚拟环境中的流体实时仿真系统。施乐公司研究中心在 VR 领域主要从事利用 VRT 建立未来办公室的研究，并努力设计一项基于 VR 使数据存取更容易的窗口系统。波音公司的波音 777 运输机采用全无纸化设计，利用开发的虚拟现实系统将虚拟环境叠加于真实环境之上，把虚拟的模板显示在正在加工的工件上，工人根据此模板控制待加工尺寸，从而简化加工过程。

在欧洲，英国在 VR 开发的某些方面，特别是分布并行处理、辅助设备（包括触觉反馈）设计和应用研究方面是领先的。英国 Bristol 公司发现，VR 应用的焦点应集中在整体综合技术上，在软件和硬件的某些领域处于领先地位。英国 ARRL 公司关于异地呈现的研究实验，主要包括 VR 重构问题，其产品还包括建筑和科学可视化计算。

欧洲一些较发达的国家（如荷兰、德国和瑞典等）也积极进行 VR 的研究与应用。瑞典开发的 DIVE 分布式虚拟交互环境是一个基于 UNIX 的、不同节点上的多个进程可以在同一个世界中工作的异质分布式系统。

荷兰海牙 TNO 研究所的物理电子实验室（TNO－PEL）开发的训练和模拟系统，通过改进人机界面来改善现有的模拟系统，以使用户完全介入模拟环境。

德国在 VR 的应用方面取得了出乎意料的成果。在改造传统产业方面，一是用于产品设计、降低成本，避免新产品开发的风险；二是产品演示，吸引客户争取订单；三是用于培训，在新生产设备投入使用前，用虚拟工厂来提高工人的操作水平。

2008 年 10 月 27—29 日，在法国举行的美国计算机协会关于虚拟现实软件与技术的专题研讨会，整体上促进了虚拟现实技术的深入发展。

日本虚拟现实技术的发展在世界相关领域的研究中同样具有举足轻重的地位，它在建立大规模 VR 知识库和虚拟现实的游戏方面取得了很大的成就。

东京技术学院精密和智能实验室研究了一个用于建立三维模型的人性化界面，称为 SpmAR。NEC 公司开发了一种虚拟现实系统，借助代用手来处理 CAD 中的三维形体模型，通过数据手套把对模型的处理与操作者的手联系起来。日本国际工业和商业部产品科学研究院开发了一种采用 X、Y 记录器的受力反馈装置。东京大学的高级科学研究中心的研究重点主要集中在远程控制方面，近年的研究项目是可以使用户控制远程摄像系统和一个模拟人手的随动机械人手臂的主从系统。东京大学广濑研究室重点研究虚拟现实的可视化问题，其正在开发一种虚拟全息系统，用于克服当前显示和交互作用技术的局限性。

日本奈良尖端技术研究生院大学教授千原国宏领导的研究小组于 2004 年开发出一种嗅觉模拟器，只要把虚拟空间里的水果放到鼻尖上一闻，装置就会在鼻尖处放出水果的香味，这是虚拟现实技术在嗅觉研究领域的一项突破。

除了前面所提到的使用相关设备而实现的虚拟现实外，近几年流行的 3D 街画也是一种虚拟现实。3D 街画是使用彩色粉笔或者蜡笔来作画，所以又称作粉笔画、3D 街面粉质画。它是一种极具视觉冲击的变形艺术，利用特殊的透视原理，使用复杂的几何图形作画，通过彩笔的勾、擦、揉、抹，产生清新明丽、丰富细腻的色彩效果，在街头地面或墙面上创造出逼真虚拟的复杂的场景物体，也可以精细入微地刻画形象的质地肌理。站在特定的角度位置可以达到以假乱真、形象逼真的感官效果和身临其境的感受。3D 街画被国家地理杂志誉为一种全新的艺术形式。图 1－18 和图 1－19 所示为 3D 街画大师库尔特·温纳（Kurt Wenner）的作品。

图 1－18　游乐场街画

图 1－19　室内街画

1.3.3　国内虚拟现实技术的研究现状

我国虚拟现实技术研究起步较晚，与发达国家还有一定的差距。随着计算机图形学、计算机系统工程等技术的高速发展，虚拟现实已得到国家有关部门和科学家们的高度重视，引起我国各界人士的关注、研究与应用。根据我国的国情，九五规划、国家自然科学基金会、国家高技术研究发展计划已将虚拟现实技术的研究列为重点研究项目。国内许多研究机构和高校也都在进行虚拟现实的研究和应用，并取得了一些不错的研究成果。目前，我国虚拟现实技术在城市规划、教育培训、文物保护、医疗、房地产、互联网、勘探测绘、生产制造和军事航天等数十个重要的行业得到广泛的应用。

北京航空航天大学计算机系是国内较早进行VR研究较权威的机构之一，其虚拟实现与可视化新技术研究室集成了分布式虚拟环境，可以提供实时三维动态数据库、虚拟现实演示环境、用于飞行员训练的虚拟现实系统、虚拟现实应用系统的开发平台等，并着重研究虚拟环境中物体物理特性的表示与处理；在虚拟现实中的视觉接口方面开发出了部分硬件，并提出了有关算法及实现方法等。

清华大学光盘国家工程研究中心所做的“布达拉宫”采用了QuickTime技术，实现了大全景VR系统。浙江大学CAD&CG国家重点实验室开发了一套桌面型虚拟建筑环境实时漫游系统，还研制出在虚拟环境中的一种新的快速漫游算法和一种递进网格的快速生成算法。

哈尔滨工业大学计算机系已经成功地合成人的高级行为中的特定人脸图像，解决了表情的合成和唇动合成技术问题，并正在研究人说话时手势和头势的动作、语音和语调的同步等。

武汉理工大学智能制造与控制研究所主要研究使用虚拟现实技术进行机械虚拟制造的问题，包括虚拟布局、虚拟装配和产品原型快速生成等。

西安交通大学信息工程研究所对虚拟现实中的立体显示这一关键技术进行了研究。在借鉴人类视觉特性的基础上提出了一种基于JPEG标准压缩编码的新方案，获得了较高的压缩比、信噪比以及解压速度，并且已经通过实验结果证明了这种方案的优越性。

中国科技开发院威海分院主要研究虚拟现实中的视觉接口技术，完成了虚拟现实中的体视图像的算法回显及软件接口。在硬件的开发上已经完成了LCD红外立体眼镜的研发，并且已经实现商品化。

北方工业大学CAD研究中心是我国最早开展计算机动画研究的机构之一，中国第一部完全用计算机动画技术制作的科教片《相似》就出自该中心。该中心关于虚拟现实的研究已经完成了两个“863”项目，完成了体视动画的自动生成部分算法与合成软件处理，完成了VR图像处理与演示系统的多媒体平台及相关的音频资料库，制作了一些相关的体视动画光盘。另外，北京邮电大学自动化学院、西北工业大学CAD/CAM研究中心、上海交通大学图像处理模式识别研究所、国防科技大学计算机研究所、华东船舶工业学院计算机系、安徽大学电子工程与科学系等单位也进行了一些研究工作和尝试。

除了高等学校对此的研究外，我国在近几年涌现出许多从事虚拟现实技术的公司。

中视典数字科技有限公司是从事虚拟现实与仿真、多媒体技术、三维动画研究与开发的专业机构，是国际领先的虚拟现实技术整体解决方案供应商和相关服务提供商。2006 年入选中国软件自主创新企业 100 强，提供的产品有虚拟现实编辑器（VRP－Builder）、数字城市仿真平台（VRP－Digicity）、物理模拟系统（VRP－Physics）、三维网络平台（VRPIE）、工业仿真平台（VRP－Indusim）、旅游网络互动教学创新平台系统（VRP－Travel）、三维仿真系统开发包（VRP－SDK）以及多通道环幕立体投影解决方案等，能够满足不同领域不同层次的客户对虚拟现实的需求。其开发的 VRP 虚拟现实平台目前是国内市场占有率最高的一款国产虚拟现实平台软件，已有超过 300 所重点理工科和建筑类院校采购了 VRP 虚拟现实平台及其相关硬件产品，例如清华大学电机系、上海同济大学建筑学院、中国传媒大学动画学院、天津大学水利工程学院、青岛海洋大学、武汉理工大学和山东理工大学等，该平台在教学和科研中发挥了重要的作用。

北京阳光中图数字技术有限公司以计算机三维图形技术为核心，业务范围涵盖图形仿真、地质学工程三维仿真、地理三维可视化城市信息统计应用、地理资源三维建模与资源管理、虚拟现实、三维动画及多媒体信息产业等应用领域。北京优联威迅科技发展有限责任公司以清华大学工业系仿真实验室雄厚的技术开发实力为基础，以开发和制作适合中国虚拟仿真市场的仿真系统解决方案和适于推广的可视化软件平台为主要方向，立志创造中国虚拟仿真软硬件的旗帜名牌。公司现已独立研发了包括数据手套、虚拟环境的力反馈等系统，并成功实现了中国第一套动作捕捉系统的研发，填补了国内空白，成果丰硕，已成为用户在中国仿真界首选的理想合作企业。

伟景行科技集团（Gvitech Technology）是业界领先的三维可视化和专业显示技术开发及服务机构，由伟景行数字城市科技有限公司（GDC）、伟景行数字科技有限公司（GDT）以及清华规划院数字城市研究所（DCRC）三大机构组成，他们各自的主要研究领域分别为数字城市可视化、虚拟仿真模拟和专业大屏幕显示。

厦门创壹软件（OneSoft）主要致力于互联网络三维动态交互软件平台的研制、开发、运用与推广，累积了近20年国内外先进的虚拟现实技术的科研经验，以英国、新加坡各大院校及相关研究机构的技术背景为依托，拥有完全自主知识产权的创壹在线虚拟现实系统引擎。该引擎具有大型多用户、在线、完全的交互性、逼真、可扩展和操作简单等特点。目前创壹软件已经拥有多套成熟且广泛应用的虚拟现实系列产品，如创壹Web3D虚拟现实平台、创壹虚拟教学培训系统、创壹虚拟数控机床培训系统、创壹虚拟桥吊实训系统、创壹虚拟现实展示系统等一批成熟的软件产品线，这些产品都得到了用户的高度赞扬。

1.3.4　虚拟现实技术的发展趋势

虚拟现实技术的实质是构建一种人为的能与之进行自由交互的“世界”，在这个“世界”中参与者可以实时地探索或移动其中的对象。沉浸式虚拟现实是理想的追求目标，但虚拟现实相关技术研究遵循“低成本、高性能”原则，桌面虚拟现实是较好的选择。因此，根据实际需要，未来虚拟现实技术的发展趋势为两个方面。一方面是朝着桌面虚拟现实发展。目前已有数百家公司正在致力于桌面级虚拟现实的开发，其主要用途是商业展示、教育培训及仿真游戏等。由于互联网的迅速发展，网络化桌面级虚拟现实也随之诞生。另一方面是朝着高性能沉浸式虚拟现实发展。在众多高科技领域（如航空航天、军事训练和模拟训练等），由于各种特殊要求，需要完全沉浸在环境中进行仿真试验。

这两种类型的虚拟现实系统的未来发展趋势主要在建模与绘制方法、交互方式和系统构建等方面提出了新的要求，表现出如下新的特点和技术要求：

1）动态环境建模技术虚拟环境的建立是VR技术的核心内容，动态环境建模技术的目的是获取实际环境的三维数据，并根据需要建立相应的虚拟环境模型。

2）三维图形实时生成和显示技术。三维图形的生成技术已比较成熟，而关键是如何“实时生成”，在不降低图形质量和复杂程度的前提下，如何提高刷新频率将是今后重要的研究内容。此外，VR还依赖于立体显示和传感器技术的发展。现有的虚拟设备还不能满足系统的需要，有必要开发新的三维图形生成和显示技术。

3）新型人机交互设备的研制。虚拟现实技术能够让人自由与虚拟世界对象进行交互，犹如身临其境，借助的输入输出设备主要有头盔显示器、数据手套、数据服、三维位置传感器和三维声音产生器等。但在实际应用中，它们的效果并不理想，因此，新型、便宜、鲁棒性优良的数据手套和数据服将成为未来研究的重要方向。

4）智能化语音虚拟现实建模。虚拟现实建模是一个比较繁复的过程，需要大量的时间和精力。如果将 VR 技术与智能技术、语音识别技术结合起来，可以很好地解决这个问题。对模型的属性、方法和一般特点的描述通过语音识别技术转化成建模所需要的数据，然后利用计算机的图形处理技术和人工智能技术进行设计、导航以及评价，将模型用对象表示出来，并且将各种基本模型静态或动态地连接起来，最终形成系统模型。

5）网络分布式虚拟现实技术的研究与应用。分布式虚拟现实是今后虚拟现实技术发展的重要方向。随着众多分布式虚拟现实开发工具及其系统的出现，DVR 本身的应用也渗透到各行各业，包括医疗、工程、训练与教学以及协同设计。近年来，随着互联网应用的普及，一些面向互联网的分布式虚拟现实应用使位于世界各地的多个用户可以进行协同工作。将分散的虚拟现实系统或仿真器通过网络联接起来，采用协调一致的结构、标准、协议和数据库，形成一个在时间和空间上互相耦合的虚拟合成环境，参与者可自由地进行交互作用。这种技术的应用价值在航空航天领域极为明显，因为国际空间站的参与国分布在世界不同区域，分布式 VR 训练环境不需要在各国重建仿真系统，这样不仅减少了研制费用和设备费用，还减少了人员出差的费用以及异地生活的不适。在我国国家“863”计划的支持下，北京航空航天大学、浙江大学、中国科学院计算技术研究所、中国科学院软件研究所和陆军装甲兵学院等单位共同开发了一个分布虚拟环境基础信息平台，为我国开展分布式虚拟现实的研究提供了必要的网络平台和软硬件基础环境。

1.4 虚拟现实技术的主要应用领域

自20世纪80年代发展到现在，虚拟现实技术具有降低成本、提高安全性、形象逼真和可反复操作等优点，得到了用户的广泛认可。据不完全统计，虚拟现实技术应用占据主流的领域有教育和培训，包括医疗培训、军事培训和大学培训，此外还有制造业、娱乐业以及商业服务业，例如市场销售和建筑规划。在所有这些领域都要求降低费用、缩短生产周期等的情况下，虚拟现实技术具有高适应性、高真实性和高合作性等特点。

1.4.1 军事领域

军事领域研究是推动虚拟现实技术发展的源动力，且目前依然是其主要的应用领域。虚拟现实技术主要在军事训练和演习、武器研究这两个方面得到广泛应用。

传统的军事实战演习，特别是大规模的军事演习，不但耗资巨大，安全性较差，而且很难在实战演习条件下改变战斗状况来反复进行各种战场势态下的战术和决策研究。现在使用计算机、应用VR技术进行现代化的实验室作战模拟，能够像物理、化学等学科一样，在实验室里操作，模拟实际战斗过程和战斗过程中出现的各种现象，增加人们对战斗的认识和理解，为有关决策部门提供定量的信息。在实验室中进行战斗模拟，首先确定目的，然后设计各种试验方案和各种控制因素的变化，最后让士兵选择不同的角色控制进行各种样式的作战模拟试验。例如，研究导弹舰艇和航空兵攻击敌机动作战舰艇编队的最佳攻击顺序、兵力数量和编成时，实兵演习和图上推演不可能得到有用的结果和可靠的结论，但可以通过方案和各种因素的变化建立数学模型，在计算机上模拟各种作战方案和对抗过程，研究对比不同的攻击顺序，以及双方兵力编成和数量，迅速得到双方损失情况、武器作战效果、弹药消耗等一系列有用的数据。

虚拟军事训练和演习不仅不动用实际装备使受训人员具有身临其境之感，而且可以任意设置战斗环境背景，对作战人员进行不同作战环境、不同作战预案的多次重复训练，使作战人员迅速积累丰富的作战经验，同时不用冒任何风险，大大提高了部队训练效果。图 1 - 20 所示为虚拟战场。

图 1 - 20　虚拟战场

武器设计研制采用虚拟现实技术，能提供具有先进设计思想的设计方案，使用计算机仿真武器，并进行性能的评价，得到最佳性价比的仿真武器后，再将武器进行大批量生产。

此仿真过程可缩短武器研制的制作周期，节约不必要的开支，降低成本，提高武器的性价比。图 1-21 所示为虚拟航空母舰。

图 1-21　虚拟航空母舰

1.4.2　医疗领域

传统的医疗科目教学都是使用教科书和供解剖用的尸体来供学生学习和练习，但是，学生们较难得到用尸体练习解剖技术的机会，并且在对实际的生命体进行解剖练习时，较多细小的神经和血管是很难看到的。另外，一旦进行了切割，解剖体就被破坏，想要再次切割来进行不同的观察很难。虚拟现实技术可以弥补传统的不足，主要应用于解剖学和病理学教学、外科手术训练、复杂外科手术规划、健康咨询和身体康复治疗等方面。例如，在外科手术中，通过虚拟现实技术仿真课程，对麻醉医师和静脉注射护士进行培训、对实习外科医生进行上手术台之前的开刀培训，以及通过虚拟现实技术完成对复杂外科手术的设计、手术过程中的指引和帮助信息的提供、手术结果的预测等，帮助外科医生顺利完成手术，并使其对病人造成的损伤降低至尽可能小。

医学专家也利用虚拟现实技术形成虚拟的“可视人”，使用关键帧动画实现对身体的漫游。图 1-22 所示为人身体的胸部结构，包括肋骨、肺和心脏三部分。这三张图显示了三个器官的拆分过程。学生可以通过鼠标操作对胸部结构进行拆分和组装，并进行 360°旋转，详细浏览和了解每一部分内容。除此之外，学生可以在虚拟的病人身上反复操作，提高技能，从而对复杂的人体三维结构的本质进行较好的理解。

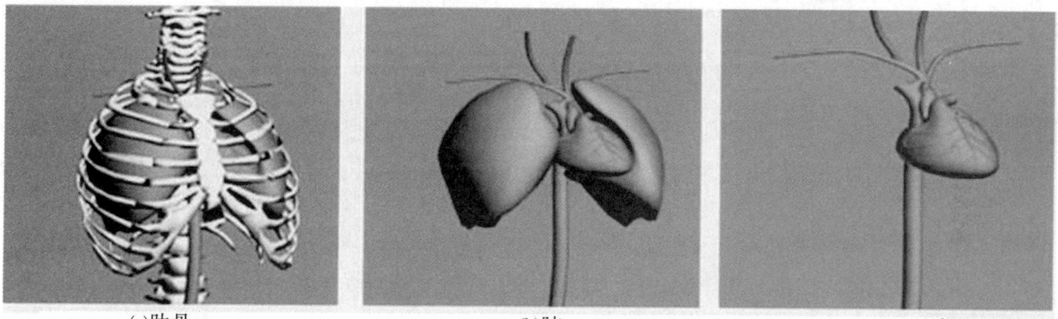

(a)肋骨　(b)肺　(c)心脏

图 1-22　虚拟的人体胸部结构

当然，虚拟仿真技术也可以用于对比较罕见的病例进行模拟、诊断和治疗，减小误诊的概率。如利用远程康复治疗方式监督康复中的病人，使其在虚拟日常生活中的各种情景中活动，减少病人独自在家康复的孤独感，实现更为愉悦的治疗方式。目前，美国斯坦福国际研究所已成功研制出了远程手术医疗系统、整形外科远程康复系统等。

1.4.3　教育领域

虚拟现实应用于教育是教育技术发展的一个飞跃。它实现了建构主义、情景学习的思想，营造了“自主学习”的环境，由传统的“以教促学”的学习方式代之为学习者通过自身与信息环境的相互作用来得到知识、技能的新型学习方式。

真实、互动的特点是虚拟现实技术独特的魅力。虚拟现实技术提供基于教学、教务、校园生活的三维可视化的生动、逼真的学习环境，如虚拟实验室、虚拟校园和技能培训等。使用者选择任意环境，并映射成自选的任意一种角色，通过亲身经历和体验来学习知识、巩固知识，极大地提高了学生的记忆力和学习兴趣。此方法比传统的教学方式，尤其是空洞抽象的说教、被动的灌输更具有趣味。

随着网络的发展，虚拟现实技术与网络技术提供给学生一种更自然的体验方式，包括交互性、动态效果、连续感以及参与探索性，构建一个网络虚拟教学环境，可以实现虚拟远程教学、培训和实验，既可以满足不同层次学生的需求，也可以使得缺少学校和专业教师、缺少昂贵的实验仪器的边远地区的学生提升学习质量。相比于传统的教学，网络虚拟教学具有以下优势：

1）在保证教学质量的前提下，极大地节省了置办设备、场地等硬件所需要的成本。

2）学生利用虚拟现实技术可以进行危险试验的再现，例如虚拟外科手术，免除了学生的安全隐患。

3）完全打破空间、时间的限制，学生可以随时随地进行学习。

目前，国内外许多大学和公司进行了虚拟教学与实验的研究，开发虚拟教学环境，并在部分中、小学和大学作为一种教学方法进行使用，其效果明显。图 1－23 所示为虚拟的零件安装培训，学生通过佩戴数据手套和立体眼镜进行虚拟设备的安装。图 1－24 所示为洞穴式虚拟工程漫游，佩戴立体眼镜的学生在虚拟环境中详细地观察和修改工程设计。图 1－25 所示为日本东京大学虚拟校园一角。图 1－26 所示为思科公司的虚拟篮球馆。图 1－27 所示为带有导航地图的西南交通大学虚拟校园一角。图 1－28 所示为虚拟驾驶培训。

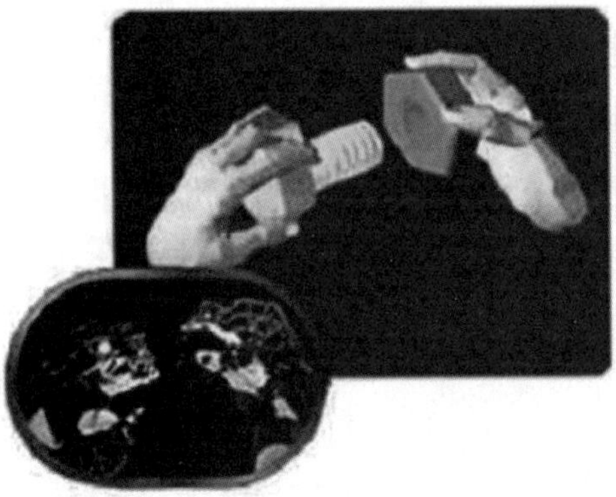

图 1－23　虚拟的零件安装培训

图 1－24　洞穴式虚拟工程漫游

图 1 - 25　日本东京大学虚拟校园一角

图 1 - 26　思科公司的虚拟篮球馆

图 1 - 27　西南交通大学虚拟校园一角

图 1 - 28　虚拟驾驶培训

随着虚拟现实技术的不断发展和完善，以及硬件设备价格的不断降低，虚拟现实技术以其自身强大的教学优势和潜力，将会受到更多教育工作者的重视和青睐，并在教育、培训领域发挥其重要作用。

1.4.4　文化艺术领域

虚拟现实是一种传播艺术家思想的新媒介，其沉浸性与交互性可以将静态的艺术转变为观察者可以探索的动态艺术，在文化艺术领域扮演着重要角色。虚拟博物馆、虚拟文化遗产、虚拟画廊、虚拟演员和虚拟电影等都是当前的虚拟现实成果。虚拟现实在文化艺术领域主要包括名胜古迹、虚拟游戏以及影视三个方面。

（1）名胜古迹

用虚拟现实技术展现名胜古迹的景点，形象逼真。结合网络技术，可以将艺术创作、文物展示和保护提高到一个崭新的阶段，让那些由于身体条件限制的人不必长途跋涉就可以在家中通过互联网很舒适地选择任意路径游览各个景点，乐趣无穷。图 1－29 所示为虚拟故宫，是我国较早的一个虚拟产品。图 1－30 所示为虚拟天坛。图 1－31 所示为虚拟的卢浮宫画廊。

图 1－29　虚拟故宫

图 1－30　虚拟天坛

2010 年在上海举行的世博会的亮点之一就是网上世博会。它运用三维虚拟现实、多媒体等技术设计世博会的虚拟平台，将上海世博会园区以及园区内的展馆空间数字化，用三维方式再现到互联网上，全球网民足不出户就可以获得前所未有的 360°空间游历和 3D 互动体验。不仅向全球亿万观众展示了各国的生活与文化，同时也展现了上海世博会的创新理念。

例如在网上世博，法国馆将“感性城市”的主题在虚拟空间中展现无疑。参观者只需单击鼠标就能在虚拟展馆中 360°自由参观。图 1－32 所示为虚拟的法国馆走廊，可以欣赏奥赛博物馆的经典名画和馆中美丽的法式走廊，同时还能享受不可思议的 3D 互动体验，甚至“走进”高更的《餐点》等名家画作，“穿梭”其中并聆听作品介绍，如图 1－33 所示。喜欢 3D 互动游戏的参观者更可以与法国馆的吉祥物“乐乐”进行实时互动，在游戏中享受包括视觉、嗅觉、触觉、味觉和听觉等感官体验。由此，上海世博会也被称为“永不落幕”的世博会。

图 1－31　虚拟的卢浮宫画廊

图 1－32　虚拟的法国馆走廊

对于文化遗产，目前研究人员已经创建了著名的考古地、建筑物以及自然保护区等世界文化遗产的虚拟复制品，例如英国史前巨石柱、中国兵马俑和圆明园、巴黎圣母院等虚拟模型的制作。图 1－34 所示为埃及神庙。制作过程为：首先将文物实体通过影像数据采集手段，记录蓝图中显示不出的各种建筑细节，并作为材质纹理，再次进行光亮度测量，使用模型软件建立实物三维模型，并存入相应数据库，保存文物原有的各项形式数据和空间关系等重要资源，实现对濒危文物资源的科学、高精度和永久的保存。其次，通过计算机网络整合大范围内的文物资源，并且通过网络在大范围内利用虚拟技术更加全面、生动、逼真地展示文物，从而使文物脱离地域限制，实现资源共享，真正成为全人类可以“拥有”的文化遗产。图 1－35（a）所示为圆明园中的西洋景区的原始图片，图 1－35（b）所示为西洋景区的数字重建初步结果。

图 1－33　虚拟的《餐点》名画

图 1－34　埃及神庙

(a)原始图片　　(b)重建初步结果

图 1－35　西洋景区

（2）虚拟游戏

三维游戏既是虚拟现实技术先应用的领域，也是重要的发展方向之一，为虚拟现实技术的快速发展起到了巨大的需求牵引作用。计算机游戏从最初的文字 MUD 游戏，到二维游戏、三维游戏，再到网络三维游戏，在保持其实时性和交互性的同时，逼真度和沉浸感正在一步步地提高和加强。所以，虚拟现实技术已经成为三维游戏工作者的崇高追求。曾经较为火暴的网络三维游戏《魔兽世界》是著名的游戏公司暴雪娱乐（Blizzard Entertainment）制作的一款大型多人在线角色扮演游戏（MMO RPG）。它具有上百个场景，豪华的大场面制作，写实风格的地形地貌。整个画面精致生动，在玩游戏的同时还可以欣赏到瑰丽的景色，且景色会随着时间而变化，可让玩家在不同的时间欣赏到不同的景色。除此之外，制作人员非常注重细节的雕琢，如牛头人在静止不动时会自己瘙痒；路边的怪物狼见到旁边的兔子会自己奔过去猎食；购买装备有试衣间试穿等。完美的设计让游戏者完全沉浸于游戏的乐趣之中。图 1－36 所示为精致的《魔兽世界》游戏画面。

除了精致的画面外，游戏也注重丰富的感觉能力与 3D 显示，因此 VR 的硬件设备也成为理想的视频游戏工具。例如英国开发的称为 Virtuality 的 VR 游戏系统，配有 HMD，大大地增强了真实感。目前，迪士尼、Lucas Arts 和 General Electric 等大企业都投入了大量资金和精力，用于创造赢利性的计算机游戏。

（3）影视

三维立体电影对人的视觉产生了巨大的冲击力，是电影界划时代的进步。2010 年年初上映的电影《阿凡达》，场景气势恢弘，波澜壮阔，缥缈仙境、人间奇缘，让人久久不能忘怀。它的成功除了使用 3000 多个特效镜头外，还在于电影从平面走向了立体，整个拍摄过程使用新一代 3D 摄影机拍出了立体感。图 1－37 所示为《阿凡达》场景。

图 1－36　《魔兽世界》游戏画面

图 1－37　《阿凡达》场景

三维立体电影是虚拟现实技术的应用之一，是结合虚拟现实技术拍摄的电影。拍摄时，首先在拍摄前期，立体摄影师结合故事情节创作一个“深度脚本”。深度脚本是立体电影创作意图的展示手段，是拍摄的依据，它决定了每个场景的立体景深，对于制作舒适、清晰的立体画面、镜头和帧序列起到了很重要的作用。拍摄时，通常使用用于拍摄立体图像的 3D 摄像机和用于虚实结合的虚拟摄像机，不仅实现了动作和表情实时捕捉，为场景增加整体动感，而且降低了拍摄成本。其拍摄原理广泛采用偏光眼镜法。它以人眼观察景物的方法，利用两台并列安置的电影摄像机，分别代表人的左、右眼，同步拍摄出两条略带水平视差的电影画面。放映时，将两条电影影片分别装入左、右电影放映机，并在放映镜头前分别装置两个偏振轴互成 90°的偏振镜。两台放映机须同步运转，同时将画面投放在金属银幕上，形成双影图像。当观众戴上特制的偏光眼镜时，观众的左眼只能看到左像、右眼只能看到右像。通过双眼汇聚功能将左、右像叠加在视网膜上，由大脑神经产生三维立体的视觉效果，展现出一幅幅连贯的立体画面，使观众感到景物扑面而来，产生强烈的“身临其境”感。

虚拟现实在三维立体电影中的应用主要是制造栩栩如生的人物、引人入胜的宏大场景，以及添加各种撼人心魄的特技效果。目前，三维立体电影技术比较成熟，每年都会有 3D 电影问世，例如《冰河世纪 3》《飞屋环游记》等，人们一次次地被召唤到电影院，这表明虚拟的三维立体电影在电影界绽放出夺目的光彩。但是，存在的局限性是观看立体电影需要佩戴 3D 眼镜。由此，美国 RealD 公司宣布，在不久的将来让观众摘下 3D 眼镜直接观看立体电影，届时观众观看 3D 立体电影会更加方便与舒畅，电影院也将真正给观众带来身临其境的氛围。星空与万丈深渊都会近在咫尺，电影院的魅力将会无限扩大和延伸，电影业将得到更为长足的进步和拓展。

1.4.5 制造业

制造业完成的是产品从概念阶段到实际生产和销售的转变过程。消费者需要物美价廉、品种丰富的产品。各个公司绞尽脑汁都想进一步提高生产的灵活性、缩短产品的开发时间并节约成本。因此虚拟现实的自然的多模态交互、适应性、远程共享访问等特点，对制造商具有很强的吸引力。

自 20 世纪 90 年代开始，使用虚拟现实技术的制造业——虚拟制造得到了迅速发展，目前已经广泛地应用到制造业的各个环节，对企业提高开发效率，加强数据采集、分析、处理能力，减少决策失误，降低企业风险起到了重要的作用。

虚拟制造是虚拟现实技术在制造业的重要应用场景，采用计算机仿真和虚拟现实技术在分布技术环境中开展群组协同工作，支持企业实现产品的异地设计、制造和装配，是 CAD/CAM 等技术的高级阶段。利用虚拟现实技术、仿真技术等在计算机上建立的虚拟制造环境是一种接近人们自然活动的“自然”环境，人们的视觉、触觉和听觉都与实际环境接近。人们在这样的环境中进行产品的开发，可以充分发挥想象力和创造力，相互协作发挥集体智慧，大大提高了产品开发的质量并缩短了开发周期。除此之外，虚拟制造对产品的销售和维护诊断等方面的服务也提供了很大的支持。目前主要应用在产品的外形设计、布局设计、运动仿真、虚拟装配和虚拟样机等方面。这方面汽车制造业成功应用的范例极多。图 1－38 所示为汽车马自达 6 的三维产品，包括汽车流场、柴油机的起动性能和仿真碰撞试验等方面的显示。

图 1－38　虚拟制造应用于汽车制造

1.4.6　商业

二维平面图像的交互性较差，已经不能满足人的视觉需要。虚拟现实技术带来了三维立体的表现形式，其可全方位展示产品的特性，得到了更多企业和商家的青睐。

结合网络技术，企业利用虚拟现实技术将其产品的商业包装、展示、推广发布成网上三维立体的形式，展示出逼真的产品造型，通过交互体验来演示产品的功能和使用操作，充分利用互联网高速迅捷的传播优势来推广公司的产品。例如，企业将产品销售展示做成在线三维的形式，顾客通过全方位浏览产品，对产品有更加全面的认识和了解，提高购买的概率，为销售者带来更多的利润。

图 1 - 39 所示为提供交互式在线营销服务网站 Zugara 的试衣间，用户通过计算机摄像头来实现在线试衣。除了可以让用户借助摄像头而使真人试穿外，还可以让用户通过输入一些身体数据，比如身高、体重、体形等，在线生成一个模拟人，与真人相互搭配，以保证试穿的效果更为精准，使用户更有参考价值。

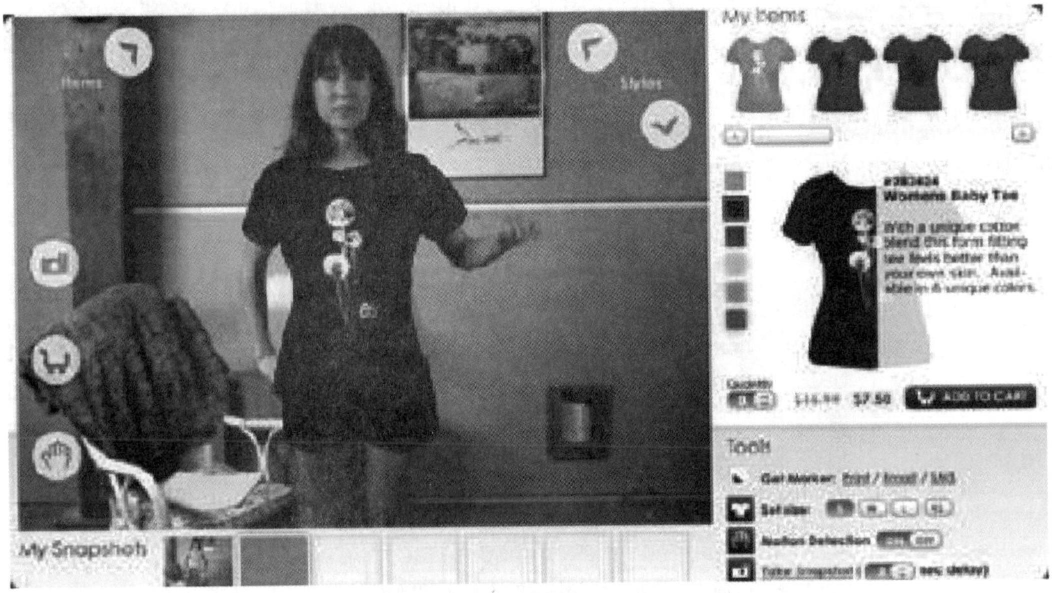

图 1 - 39　虚拟试衣间

在商业领域，虚拟网络相当于一个形象的、体贴的、人性化的、永远彬彬有礼的漂亮导购员，可以提供给顾客免费试用的不易损坏的三维产品。它使用 Web3D 构建一个三维场景，用于网络虚拟现实产品的展示。人以第一视角在虚拟空间漫游穿梭，能够与场景进行交互，仿佛在现实世界中浏览，完全沉浸在环境之中。这为虚拟商场、房地产商漫游展示和电子商务等领域提供了有效的解决方案。目前在房地产及装饰装修业，国内已有许多房地产公司采用虚拟现实技术制作虚拟小区、虚拟样板房来吸引购买者的眼球，并取得较好的效果。图 1 - 40 所示为某房地产商制作的虚拟样板房，左边部分为房型图，单击房型图中的一个房间，则在右图中动态显示其效果图。图 1 - 40（a）所示为客厅的一个视角。图 1 - 40（b）所示为餐厅的一个视角。

(a)客厅

(b)餐厅

图 1－40　虚拟样板房

第 2 章　虚拟现实系统开发工具

进行虚拟现实系统开发必须要借助相关的开发工具，通常有三维建模工具、虚拟现实引擎等。本章将简要介绍虚拟现实中的三维建模技术、常用建模软件使用方法及常用虚拟现实引擎。

2.1　虚拟现实三维建模技术

虚拟环境的建模是整个虚拟现实系统建立的基础，主要包括几何建模、运动建模、物理建模、对象特征建模及模型的分割与优化等。

虚拟现实系统中的建模手法与传统 CAD 及动画建模基本相同，但又具有其特殊性，主要体现在控制三维模型的面数上。由于要实时运行三维模型，因此过多的面数势必降低系统的运行效率，影响观看效果。通常在控制模型面数的操作上有以下准则：

1）删除看不见的面，例如建筑物的底面；

2）减少不必要的分段数，例如地面使用 1×1 分段；

3）使用贴图而不是增加几何造型复杂度来提高真实感。

另外，不同的虚拟现实制作工具会对三维模型提出不同的要求，因此具体工作中还必须根据所使用的后期制作工具优化三维模型。

2.1.1　几何建模

几何建模手段主要分三大类型：多边形建模、面片建模和 NURBS 建模。

多边形建模是比较传统的建模方法，也是目前发展最为完善和广泛的一种方法，在目前主流的三维软件中基本上都包含了多边形建模的功能。多边形建模方法对于建筑、游戏角色制作尤为适用，它可以直接使用多种多边形建模工具制作点、面分割或创建新面等。

面片建模是指基于面片栅格的建模方法，它是一种独立的建模类型，是在多边形建模基础上发展起来的。它解决了多边形表面不易进行平滑编辑的难题，可以使用类似于编辑贝塞尔曲线的方法编辑曲面。面片建模的优点在于，用于编辑的顶点很少，非常类似于 NURBS 曲面建模，但是没有 NURBS 建模要求严格，只要是三角形和四边形的面片都可以自由地拼接在一起。面片建模擅长于生物建模，不仅容易制造出光滑的表面，而且容易生成表皮的褶皱，且易于生成各种变形体，专用于表情变形动画的制作。面片建模工具自身很简单，但要熟练使用还必须掌握对样条线的高难度编辑、面片自身的空间编辑等，因此对于使用者的空间感要求很高。

NURBS 建模特别适合用于对复杂的不规则表面的建模，它使用解析运算方式来计算曲面，计算速度快，而且曲面边缘异常光滑，可以用它做出各种复杂的曲面造型来表现特殊的效果。例如精确的工业曲面、人的面部造型、流线型的跑车等。因此，掌握 NURBS 曲线及曲面的创建和编辑方法对制作复杂的三维场景有很大帮助，如果运用得当，则可以达到无限自由的创作境界。

近年来，随着先进的数字化仪器及设备不断投入实际应用，计算机辅助下的几何建模技术已经从最初费时费力的手动建模，发展到包括三维扫描仪，基于图像的建模与绘制（IBMR）等多种方法在内的三维建模，建模对象也从简单的几何体，发展到比较复杂的人脸、肢体、发丝等，甚至可以完成对流体的建模。三维扫描仪及其对人脸的扫描效果如图 2－1 所示。

图 2－1　三维扫描仪及扫描效果

2.1.2　运动建模

除造型、体积等外，在虚拟环境中物体的特性还将涉及位置改变、碰撞、捕获、缩放、表面变形等，因此仅仅完成静态三维几何模型的创建对虚拟现实项目来说是不够的。运动建模将帮助我们解决这一系列问题，具体包括如下内容。

（1）对象位置

物体位置改变包括物体移动、旋转、缩放。在 VR 中不仅要关注绝对坐标，也要注意三维对象的相对坐标。通常，每个对象都被赋予一个坐标系统（称为对象坐标系统），该坐标系统的位置随物体的移动而改变。

（2）碰撞检测

在虚拟现实系统中常常要检查对象 P 是否与对象 K 碰撞，例如用户的手是否已触到了虚拟的球。碰撞检测需要计算两个物体间的相对距离，如果要对两个物体上的每一个点都做碰撞计算，则要花费大量时间，因而，许多系统在实时计算中只采用矩形边界检测，以节省时间。

2.1.3　物理建模

虚拟对象物理建模包括定义对象的质量、重量、惯性、表面纹理、硬度、形状改变模式等。这些特性与几何建模结合起来形成更加真实的三维模型。

2.1.4　对象特征建模

前面所提到的建模是关于对象几何特征及物理特性的建模，此外还可以建立与用户输入无关的对象特征模型。

假定有一个虚拟的办公室，墙上有钟表，窗口有温度计，桌上有日历本，时间和日期将随计算机系统的时间而改变，温度也将随外部温度计与计算机相连而显示当时的实际温度。每当用户走入办公室时，时钟、日历和温度计数据都将根据实际环境而改变，这一切使虚拟环境具有一定程度的智能，体现出建模中对象特征建模的作用。

2.1.5 模型的分割与优化

现实场景经过几何建模与物理建模之后得到的通常是一个非常复杂的模型，使渲染速度非常缓慢，从而降低系统的交互速度，因此有必要进行模型的分割与优化。例如单元分割、变化细节和分辨率显示、离线计算以及内存管理技术等。这些操作将提高系统运行的实时性能。

三维建模技术在计算机软硬件、光学等技术与设备的不断发展与促进下已经得到了快速发展。零部件的设计与分析、生物医学工程等领域的需求，促使三维建模技术在精度上不断提高，历史文化保护、电影及艺术等领域又对三维建模技术的真实感表现提出了更高的要求。此外，建模过程更趋向于使用简单的设备和手段来满足不同应用层次的需求。三维建模技术研究由现在的不断追求具有更高精度、看起来更加真实的静态模型，发展向未来能够模拟现实世界各个对象间相互作用的动态模型，进而更加有效地辅助人们探索事物发展规律。

2.2 虚拟现实建模工具——3DS MAX

在虚拟现实中，模型的建立是整个虚拟系统构建的基础，虽然使用 VRML、OPEN GL、DIRECTX 等语言可以编写出三维交互式的虚拟现实应用系统，但程序设计必须要从最基本的代码开始，例如创建一个球体、一个立方体等，这样做不仅费时费力，而且对于结构较为复杂的场景建模几乎是无能为力，通常的做法是使用某种平台或集成工具帮助制作虚拟现实场景中的三维模型，并使应用系统的开发在已有建模软件的基础上进行。

目前，用于虚拟现实系统的三维建模软件有许多种，比较有代表性的是 3DS MAX、MAYA 等，本节将以 3DS MAX 为例进行讲解。

3D Studio Max，常简称为 3D MAX 或 3DS MAX，是 Discreet 公司开发的（后被 Autodesk 公司合并）基于 PC 系统的三维动画渲染和制作软件，3D MAX 软件主要功能有建模、动画、渲染、特效等，可以应用在多个专业，如图 2－2～图 2－6 所示。

图 2-2　广告

图 2-3　影视

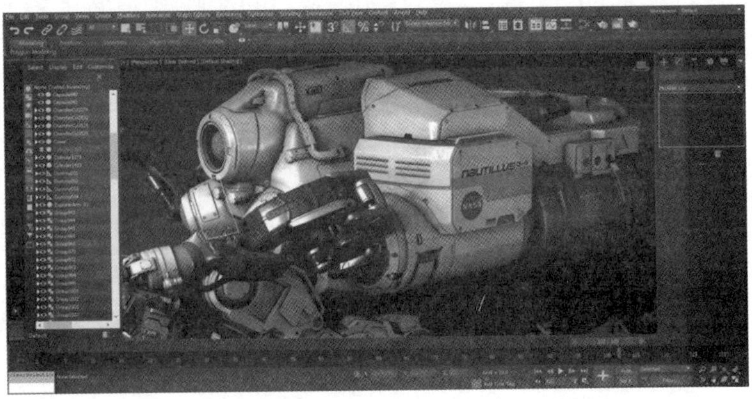

图 2-4　工业设计

图 2 - 5　建筑、景观、室内设计

图 2 - 6　游戏

因此，3D MAX 有着很强大的功能，是进行虚拟现实场景元素三维建模的常用工具。

2.2.1 3D MAX 界面

3D MAX 界面主要由标题栏、菜单栏、工具栏、命令面板、视图区、状态栏和提示行、时间滑块与轨迹栏、动画控制区、视图控制区等组成。启动 3D MAX 就可以进入主界面，如图 2－7 所示。

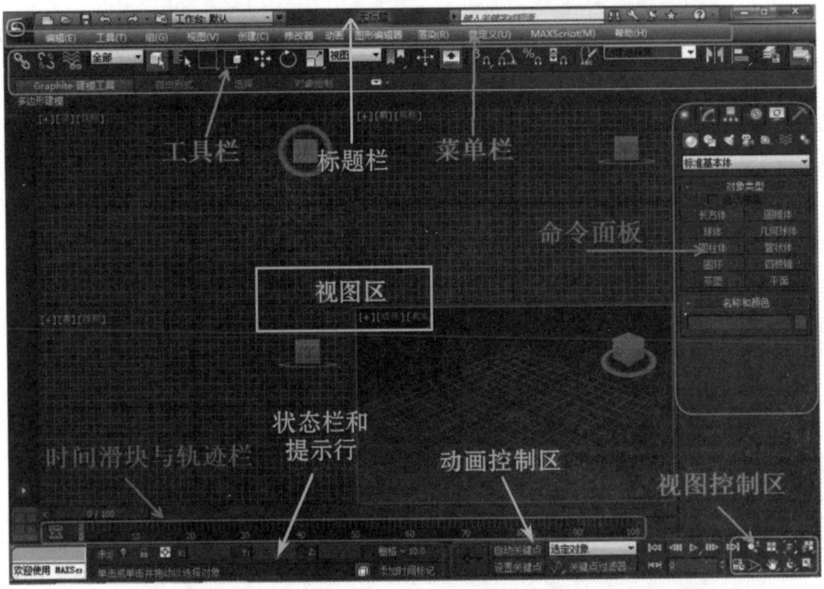

图 2－7　主界面

（1）菜单栏

菜单栏位于屏幕界面的最上方，如图 2－8 所示。菜单中的命令如果带有省略号，表示可弹出相应的对话框，带有小箭头的表示还有下一级的菜单。

图 2－8　主界面菜单栏

菜单栏中的大多数命令都可以在相应的命令面板、工具栏或快捷菜单找到，远比在菜单栏中执行命令方便得多。

（2）工具栏

在 3DS MAX 菜单栏的下方有一栏工具按钮，称为工具栏，如图 2－9 所示，通过工具栏可以快速访问 3D MAX 中很多常见任务的工具和对话框。

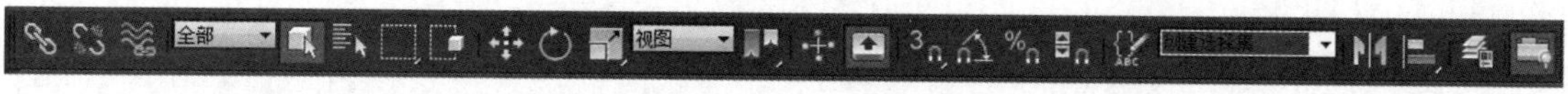

图 2-9　工具栏

如果工具栏的命令没有完全显示，可以在工具栏的空白处按住鼠标左键或中键来回拖动进行显示（此时鼠标箭头会变成一个手的形状）。

在工具栏空白处单击右键会显示出被隐藏起来的快捷面板，可以进行勾选，这样命令就会出现在视图的位置中，并且位置可以进行任意拖动。在不需要使用的情况下单击“×”号可以将其关闭。

（3）命令面板

位于视图区最右侧的就是命令面板，如图 2-10 所示。命令面板集成了 3DS MAX 当中大多数的功能与参数控制项目。可以说它是核心工作区，也是结构最复杂、使用最为频繁的区域。创建任何物体或场景都需要通过命令面板来进行操作。

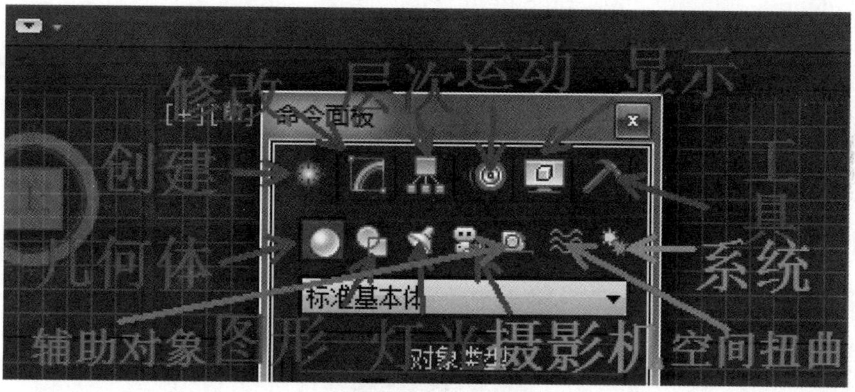

图 2-10　命令面板

（4）视图区

3D MAX 软件的视图界面以四个视图的形式显示，如图 2-11 所示，它是将一个物体的三个对立的面进行分开显示，分别是顶视图前视图、左视图、透视图，可以理解为能看到物体的三个方向。

绘图过程中视图可以相互切换，即一种视图可以按需要快速转换为其他视图，也可以随时恢复。在顶视图、前视图、左视图操作界面不可以随意旋转，

图 2 - 11　视图区

因为旋转就会切到正交视图，正交视图不具备物体修改操作性，因此只能在透视图进行旋转。

（5）视图控制区

视图控制区位于工作界面的右下角，如图 2 - 12 所示，主要用于调整视图当中物体的显示状况。通过缩放、平移、旋转等操作达到方便观察的目的。

图 2 - 12　视图控制区

（6）动画控制区

动画控制区的工具主要用来控制动画的设置和播放。动画控制区位于屏幕的下方，如图 2 - 13 所示。用来滑动动画帧的时间滑块位于 3D MAX 视图区的下方。

图 2-13　动画控制区

（7）状态栏和提示行

状态栏和提示行用于显示 3D MAX 视图中物体的操作效果，例如移动、旋转坐标以及缩放比例等，如图 2-14 所示。

图 2-14　状态栏和提示行

（8）时间滑块与轨迹栏

时间滑块与轨迹栏用于设置动画、浏览动画以及设置动画帧数等，如图 2-15 所示。

图 2-15　时间滑块与轨迹栏

2.2.2　常用功能

（1）物体的创建

物体的创建一般会从“标准基本体”“扩展基本体”中创建，如图 2-16 所示，或修改软件自带的基本物体，或使用“样条线”绘制来进行。这是掌握 3D MAX 入门的必备基础功能。

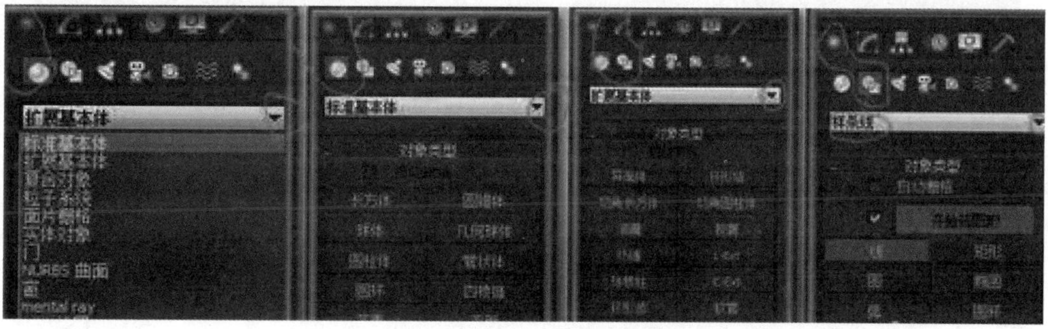

图 2-16　物体创建

（2）移动物体

单击 3D MAX 工具栏内的移动按钮，就可以完成 3D MAX 移动物体的功能操作，如图 2-17 所示。

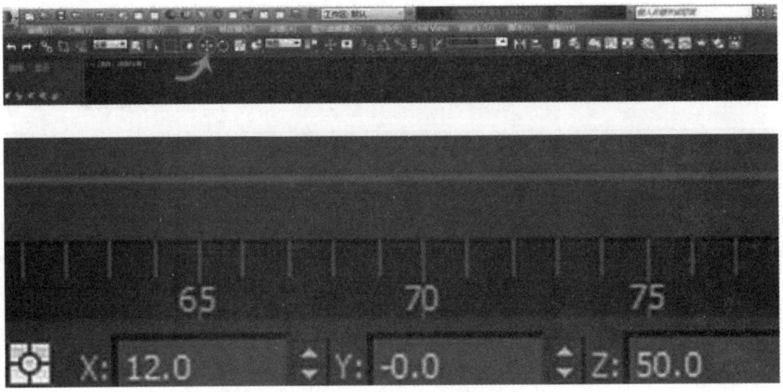

图 2-17　移动物体

该按钮为通用移动功能按钮，多边形的点、边、面、边界、元素等都可以通过该方法移动。移动物体功能是 3D MAX 入门的基础。物体的位置在底部有坐标显示，可以通过更改坐标值来直接改变物体的位置。

（3）复制物体

按住〈Shift〉后再移动物体，会弹出“克隆选项”对话框，来使用 3D MAX 复制物体的功能，如图 2-18 所示。其中用“实例”选项获得的物体会随源物体的改变而改变。复制功能一样适用于点等多边形编辑单元的复制（复制功能也可以在菜单栏和右键菜单中选择“克隆”来实现）。

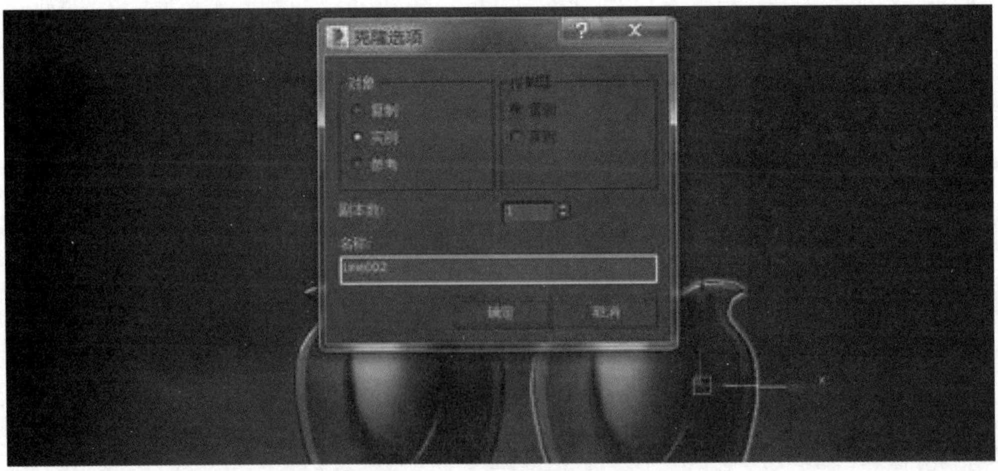

图 2-18　复制物体

（4）旋转物体

旋转物体功能是 3D MAX 常用功能，可以通过单击工具栏上的旋转按钮来使用。该按钮为通用旋转功能按钮，多边形的编辑单元也都可以通过该方法进行旋转，如图 2－19 所示。

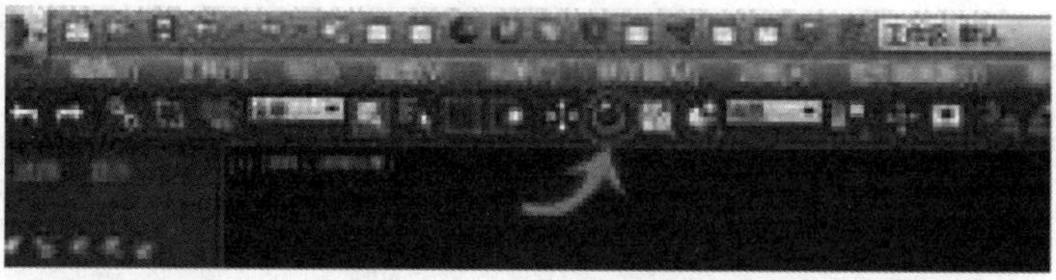

图 2－19　旋转物体

（5）缩放物体

单击工具栏上的缩放按钮就可以使用 3D MAX 缩放物体功能，如图 2－20 所示。该按钮为通用缩放功能按钮，多边形的编辑单元也都可以通过该方法进行缩放。

图 2－20　缩放物体

（6）创建物体镜像

要想使用 3D MAX 创建物体镜像，需要单击工具栏上的镜像按钮，如图 2 -21 所示。这个常用功能可以方便我们复制多个 3D MAX 物体，是我们使用 3D MAX 的入门基础操作之一。

图 2－21　镜像物体

（7）快速对齐

单击工具栏上的对齐按钮，就能够实现 3D MAX 快速对齐的功能，如图 2－22 所示。这个功能可以方便地处理多个 3D MAX 模型的位置，这也是 3D MAX 的常用功能之一。

图 2－22　快速对齐

（8）集合物体

要将多个物体变为一个整体进行操作，需要用到 3D MAX 集合物体功能。只需在框选多个物体后，在菜单栏中打开“组”菜单，点选“集合”中的“集合（A）”，如图 2－23 所示。这也是 3D MAX 入门基础操作的关键点。

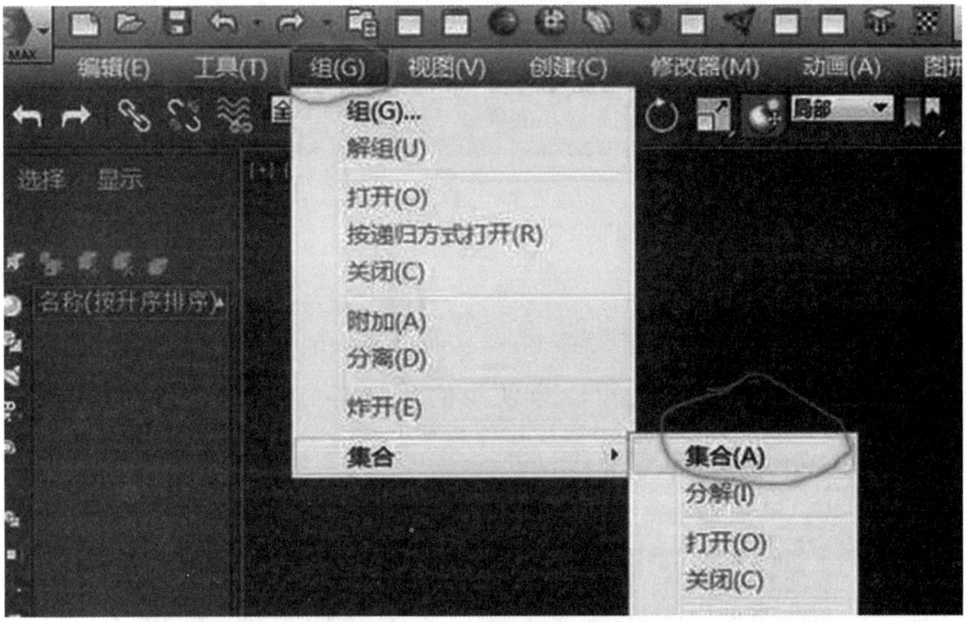

图 2－23　集合物体

（9）合并物体

使用合并物体功能，可以将两个物体合并为一个物体。只需使用“复合对象”中的“布尔”功能，在单击“拾取操作对象 B”之前点中“操作”栏中的“并集”即可，如图 2 - 24 所示。

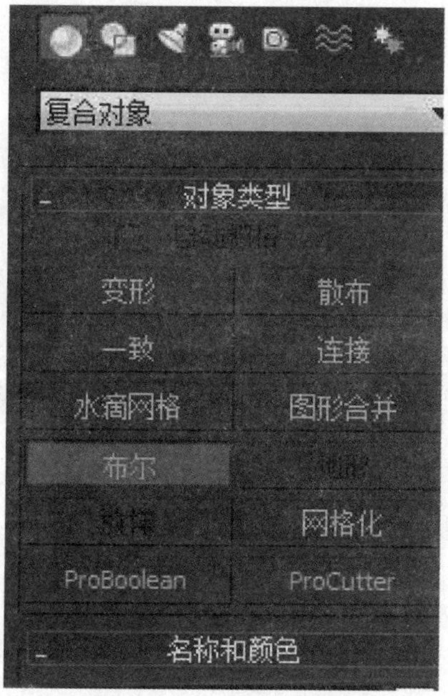

图 2 - 24　合并物体

(10) 材质赋予

当模型建好后，所看到的物品、房屋都是没有色彩的，需要给房子添上外衣，包括室内各个物品的贴图、地板的贴图、室外天空的贴图。这个阶段的主要任务就是根据工作场景需要，制作合适的材质并赋予给建筑场景中不同的构件。赋予材质是让所绘制的物体看起来更具备真实生活中的物体的属性。

要为物体赋予材质，就需要使用 3D MAX 的“材质赋予”这个常用功能。只需打开材质编辑器，将材质球拖动到目标上即可，如图 2 - 25 所示（材质需自行调配或使用默认材质）。

(11) 单位设置

在绘制效果图过程中通常以毫米为单位，下面介绍将系统单位和显示单位设置为毫米的过程。

设置显示单位时，在软件运行菜单命令“自定义”下选择“单位设置”，弹出“单位设置”对话框，选择“公制”选项，在下面的下拉菜单中选择“毫米”，如图 2 - 26 所示。

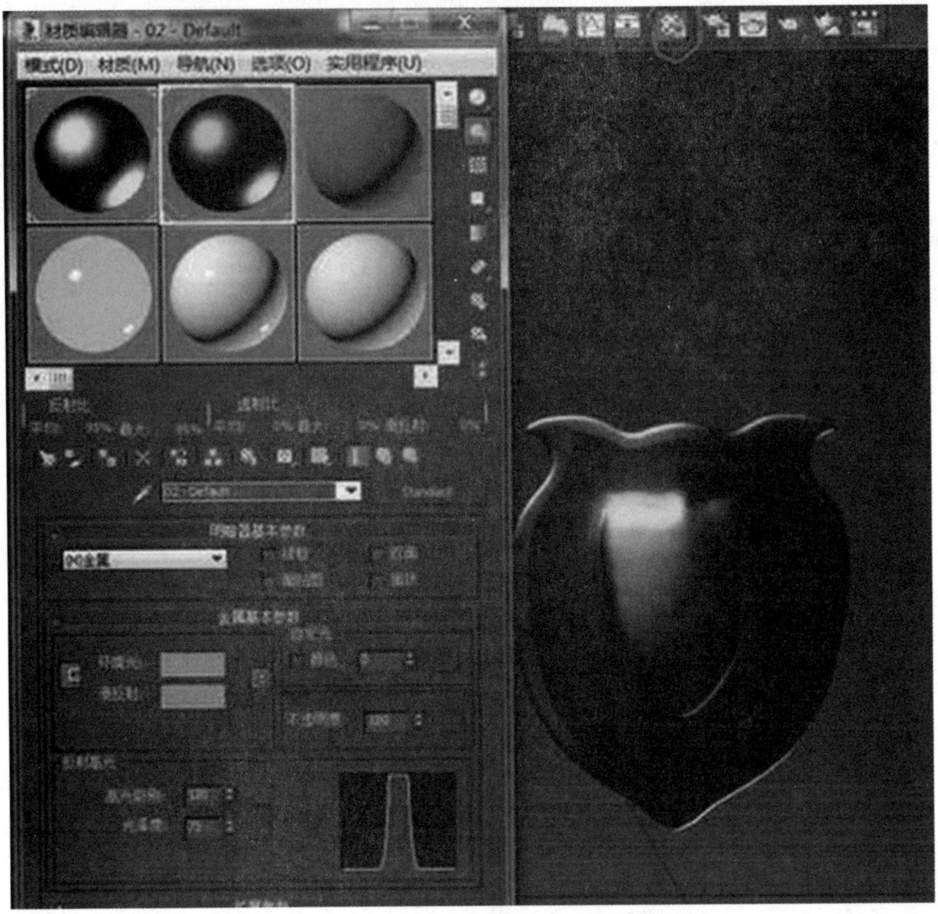

图 2－25　赋予材质

设置系统单位时，单击“单位设置”对话框上方的“系统单位设置”按钮，弹出“系统单位设置”对话框，在对话框的下拉菜单中选择“毫米”。软件操作时，在第一次将单位设置以后就不需要重复设置了。

（12）隐藏动力学系统和栅格的图标

由于版本发展等原因，界面都会显示动力学系统图标，其会占用视图操作空间，因此常常可以将动力学系统图标隐藏。如图 2－27 视图中栅格（网络线）的功能一般不用，留在视图会影响制图操作。

通常隐藏栅格的办法是用快捷键〈G〉。完成上述设置之后，界面将会变成如图 2－28 所示的用户常用界面。

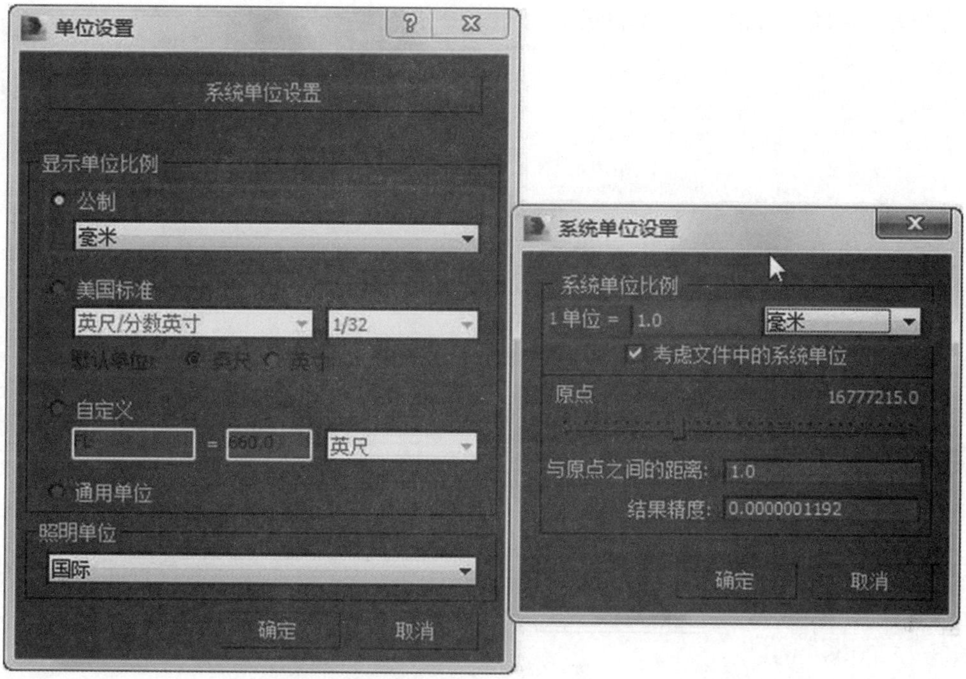

图 2－26　单位设置

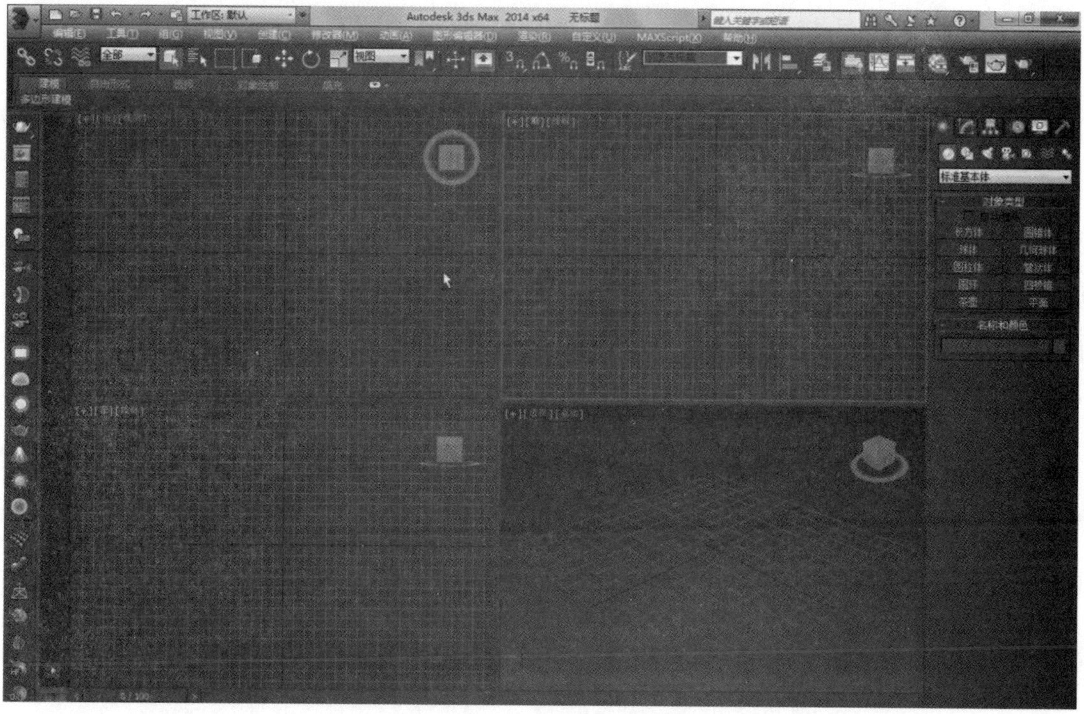

图 2－27　动力学图标

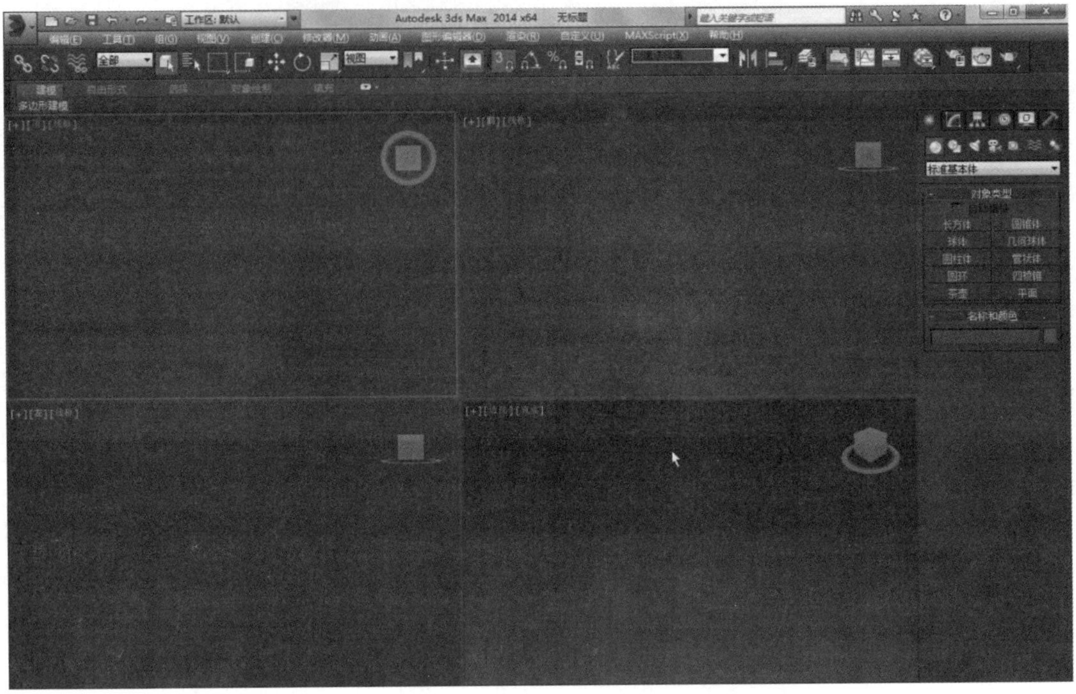

图 2－28　隐藏栅格后

(13) 捕捉工具的设置

在绘图过程中经常使用捕捉功能，即物体移动或旋转的时候都会自动靠近另一个物体的边或者点，捕捉工具的使用可以提高绘图速度和准确性，方便复制使用，这比使用对齐功能要简单。

捕捉工具包括二维平面捕捉、三维捕捉、角度捕捉、百分比捕捉等，使用同一个设置面板。设置的方法是选中某一个捕捉工具，单击鼠标右键，即可以出现栅格和捕捉设置面板。我们常选择 2.5 维，即三维和二维平面捕捉，表示既可以捕捉二维物体又可以捕捉三维物体。

在“栅格和捕捉设置”对话框中，捕捉选项卡中共有 12 种捕捉方式，直接可以在上面勾选所需要的捕捉选项。常用的快捷捕捉是顶点、端点和中点三个选项，如图 2－29 所示。

2.2.3　3D MAX 建模实例

得益于 3D MAX 建模软件使用一种三维呈现信息的方式，所以基于 3D MAX 软件所建立的虚拟现实环境，能够通过广角全方位地呈现环境的信息和

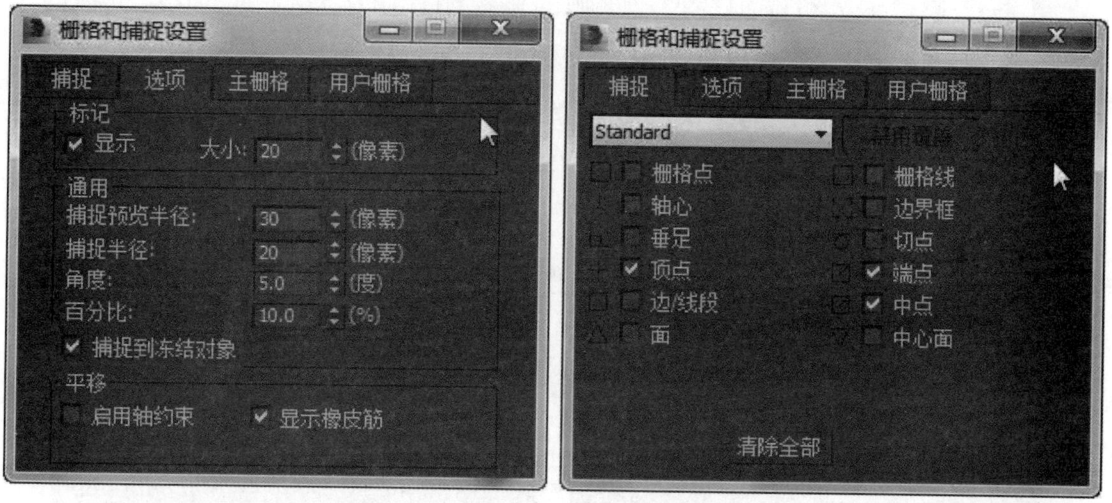

图 2－29　捕捉工具设置

特点，因自身所具备的强大功能和应用优势，3D MAX 在多个领域发挥出了十分重要的作用。本节的建模实例将按照之前章节所涉及的部分领域进行介绍。

Du[1]以山东省某市某区为例，探讨 3D 数字社区建模的关键技术。利用 3D MAX 软件建立某城市的住宅建筑模型（图 2－30），为城市数字化建设提供了参考。

图 2－30　数字社区外部

韦杨[2]通过无人机航拍获得建筑物的俯视图，由实景拍摄获得建筑物的正视图和侧视图，结合实地测量获得建筑物的高度、长度和宽度等数据。将三个视图导入 3D MAX 中，创建了一个教学楼的基础模型展开图 2-31。

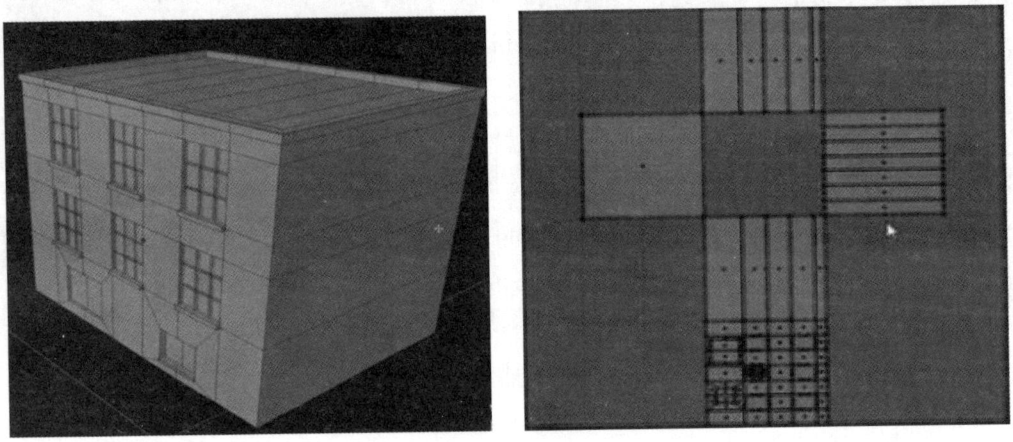

图 2-31　教学楼基础模型展开图

最后将获得的纹理图贴合到模型图的每一个展开面上，并导入相关引擎后形成最终的模型，其虚拟校园实景如图 2-32 所示。

图 2-32　虚拟校园实景图

赵淼首[3]采用 c# 结合 .NET 框架在 Visual Studio 平台上利用 3D MAX 搭建了虚拟校园实景模型，效果如图 2-33 所示。

刘莎[4]等人通过 AutoCAD 绘制外部框图提高精细度并导入 3D MAX 中进行建模，最后使用纹理映射完成了市区部分三维建模效果图 2-34。

Chuanli Kang[5] 同样使用 AutoCAD 等工具建立了虚拟校园二维布局

图2-33　虚拟校园模型

图2-34　某市区部分三维建模效果图

图2-35。并且使用了更加先进的方法对规划中各个建筑物进行贴合，如图2-36所示。

L. Xin[6]致力于人物虚拟模型的建立，利用3D MAX对三维动画中的人物进行建模，并取得了优异的效果，如图2-37所示。

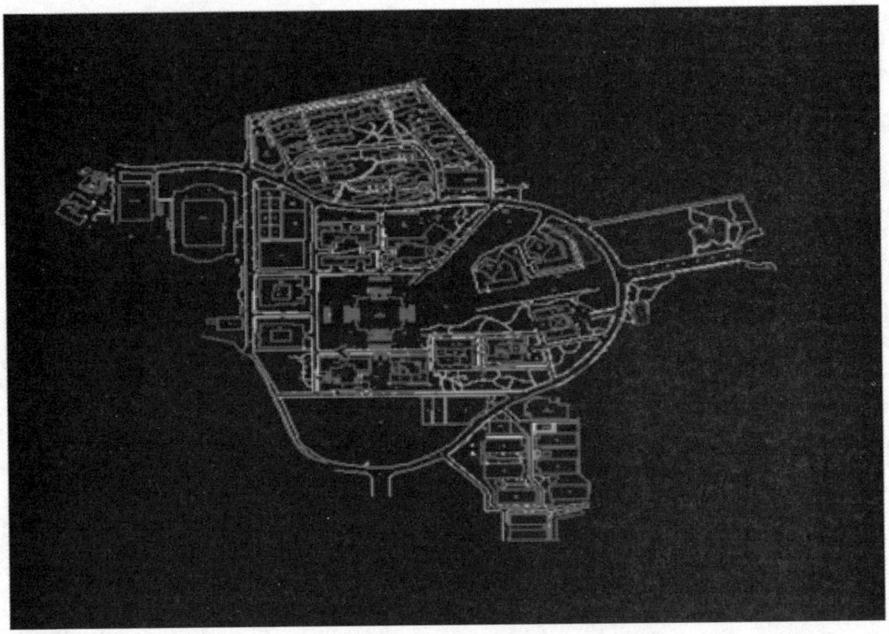

图 2-35　校园二维规划

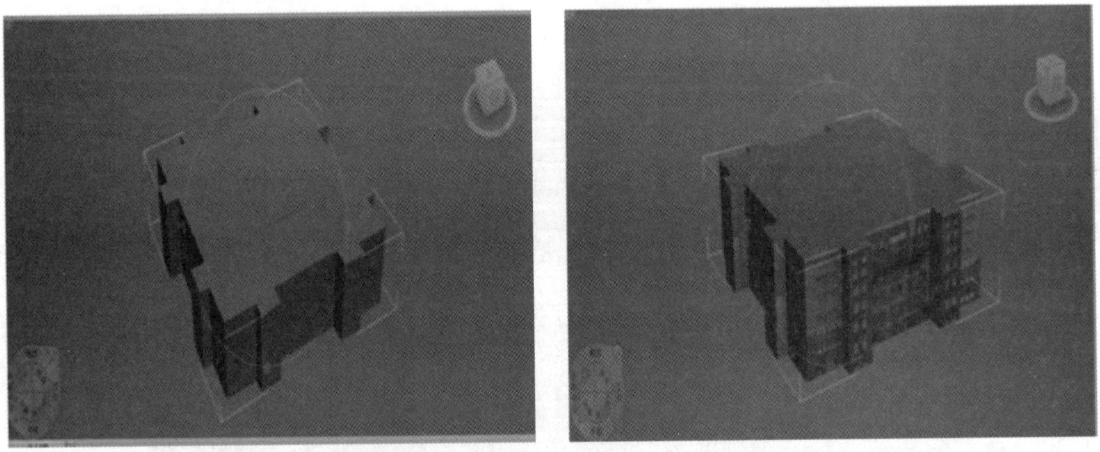

图 2-36　贴合模型前后对比图

此外 L. Xin 还通过调整关键帧的过渡效果并添加地图细节使更多人物模型图 2-38 在三维动画中更加真实。

H. Yutong[7]使用优化后的建模方法将物体内部进行镂空，此方法在不损失外部数据的情况下有效减少内存损耗。图 2-39 左侧为原始模型，右侧为优化后的模型。

Wang Li[8]利用 Sketchup 与 3D MAX 对山西大同某图书馆进行建模，建

图 2-37　人物模型及纹理贴合效果图

图 2-38　人物建模实例

立了三维虚拟图书馆的外部结构和内部空间布局，使用户可以通过计算机了解图书馆构造。

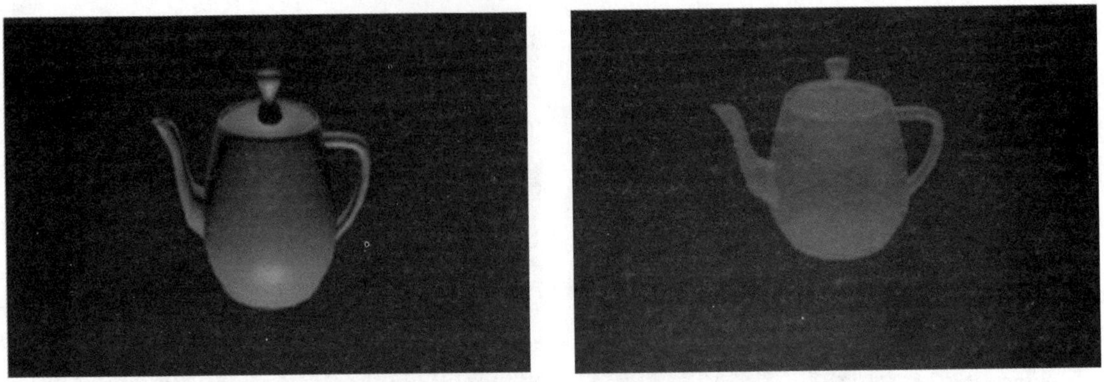

图 2-39　内部镂空建模对比图

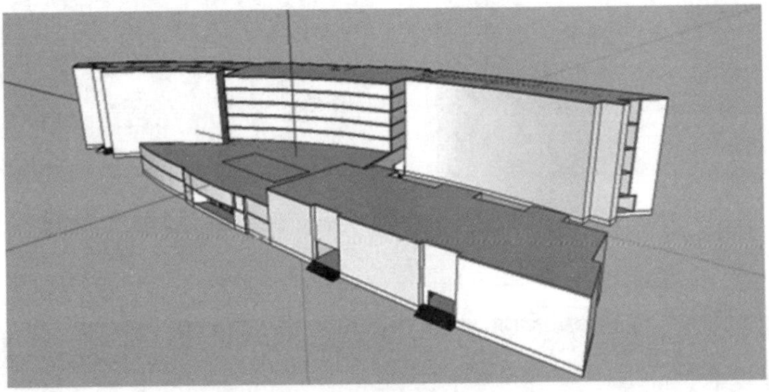

图 2-40　图书馆整体墙面效果

图 2-40 为 3D MAX 中的虚拟图书馆的外部墙面结构，图 2-41 为内部结构图。

图 2-41　图书馆二楼建模

A Kolesova[9] 使用 3D MAX 对手工绘制的 Logo 草图进行建模，草图如图 2 - 42 所示。

图 2 - 42　手工草图

对 Logo 草图使用多边形和样条方法、动画方法与骨骼方法，着重于创建基元、样条、材料和光源。从一个草图进行一个角色的场景可视化。最终模型如图 2 -43 所示。

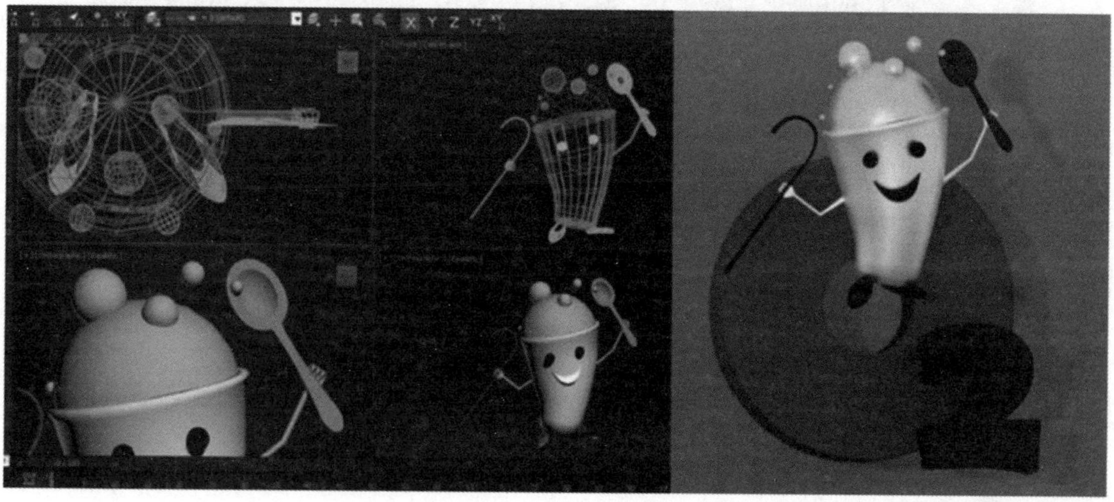

图 2 - 43　模型的渲染窗口及 Logo 最终效果图

为解决城市地下管网三维模型可视化，Feng Kai Wen[10] 提出了自适应构建方法，利用 3D MAX 软件设计管点和管段的详细模型，如图 2 - 44、图 2 - 45 所示。

图 2-44　地上三维模型

图 2-45　地下管道三维模型

2.3　虚拟现实引擎

虚拟现实引擎是虚拟现实系统实现的最关键的一个部分。就像是飞机的引擎是给飞机提供动力支持的，而虚拟现实的引擎是给这个虚拟现实技术提供强有力支持的一种解决方案。虚拟现实从概念形成至如今实现，技术员们为了实现各种各样虚拟现实技术制定出各种解决方案，其中包括硬件和软件。实现虚拟现实技术的软件系统就是所说的虚拟现实引擎。

虚拟现实引擎是一种软件系统框架，其实质就是一个包括虚拟世界数据库的高性能计算机系统[11]。引擎系统核心包括虚拟环境对象的描述及对象的运动、交互行为或碰撞检测物理引擎，2D 或 3D 模型渲染引擎，并可能包括音频或视频支持[12]。通俗地讲，虚拟现实引擎就是一种通用开发平台，提供预定义交互及导航功能，设计人员可在源代码基础上进行二次开发。

市面上常见的 VR 开发所用到的引擎有这 5 种：Unity、Unreal Engine、CryEngine、jMonkeyEngine、中视典 VRP 3D Engine。经过一些调查，调查中 VR 开发者使用 Unity 和 Unreal Engine 引擎的占绝大多数[13]，而以 CryEngine、jMonkeyEngine、中视典 VRP 3D Engine 等作为 VR 引擎的开发者所占比例比较少。

2.3.1　Unity 3D

Unity3D 是由 Unity Technologies 开发的一个让玩家轻松创建诸如三维视频游戏、建筑可视化、实时三维动画等类型互动内容的多平台的综合型游戏开发工具，是一个全面整合的专业游戏引擎。从二维、三维游戏到虚拟现实、工程模拟、汽车运输与制造以及 3D 电影与动画设计等应用方面有着广泛的应用开发，是一个功能强大的专业性游戏引擎。同时 Unity3D 具有兼容性强的特点，这为开发提供了便利，它还具有跨平台的优点，支持多平台运营，使开发者能够为超过 20 个平台创作和优化内容，这些平台包括 iOS、安卓、Windows、MacOS、索尼 PS4、任天堂 Switch、微软 XBOX ONE、谷歌 STADIA、微软 Hololens、谷歌 ARCore、苹果 ARKit、商汤 SenseAR 等，如图 2-46 所示。

Unity3D 是一个强大的游戏引擎和编辑器，支持快速地创建二维和三维简单模型、引入外部资源以及通过脚本语言来将它们联系起来[14]。Unity 编辑器的操作简单快捷，利用交互的图形化开发环境为首要方式，用户可以通过简单的拖拽来完成任何事情，甚至包括创建复杂的物体对象、添加多组件资源、连接脚本以及变量赋值等。Unity 的集成脚本环境内置了网络连接能力，使用户可以在多种平台下创建和部署项目，为开发者提供高效的开发效率。Unity3D 还具有强大的地形系统、丰富的粒子系统以及全面的图形图像

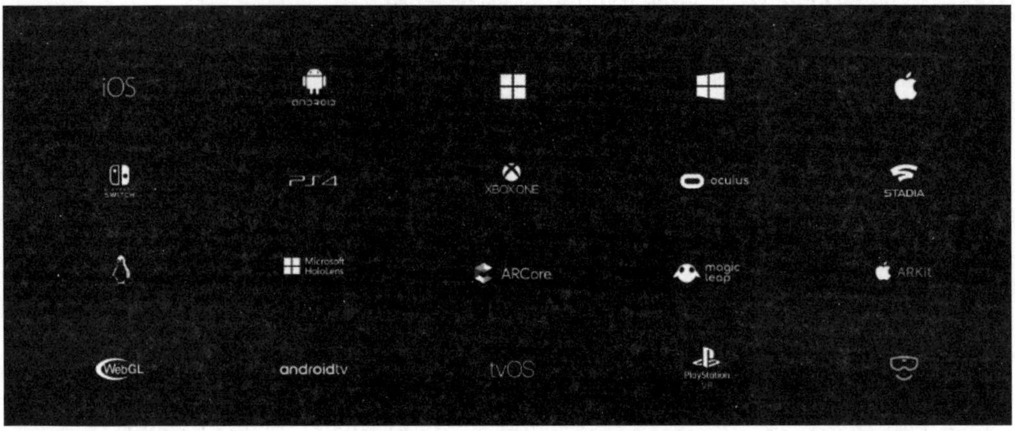

图 2-46　Unity3D 引擎支持的平台

功能等。图 2-47 是 Unity 的主界面。

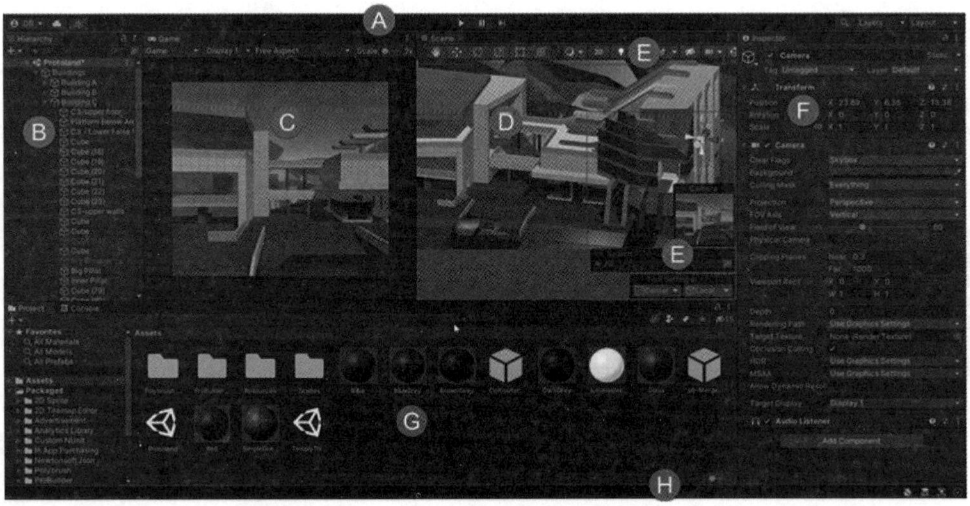

图 2-47　Unity 的主界面

Unity3D 不仅是移动端虚拟游戏的开发工具，而且在虚拟现实、仿真技术以及工程模拟等方面也是一个好的开发工具，是目前最为火爆、最具有前景的虚拟现实开发引擎。它不断地优化更新，整合之前的版本和其他引擎的优点，从 PC 到 MAC 到移动设备再到 VR，都能看到 Unity 改变而带来的惊喜。现在已经更新到 Unity 2021 LTS 版本，产品的迭代使 Unity 获得更好的质量，更易于访问的创意工作流程。

2.3.2　Unreal Engine

Unreal Engine 引擎又称虚幻引擎，是由 Epic 公司推出的一整套游戏开发工具，是世界知名度非常高的顶尖游戏引擎。可以用于创建实时三维虚拟现实互动程序，广泛应用在虚拟仿真、室内设计、电影、动画和互动游戏等各个领域[15]。对于非商业用途，他们发布了非商业性和教育性版本，提供了免费的使用权限，并完全开源使用，这也进一步吸引了开发者使用该产品。

Unreal Engine 引擎底层包含强大的图形渲染技术，同时其内部提供蓝图系统（Blueprints）[16]。蓝图用节点的方式将一些原来应该用 C＋＋代码编写的脚本可视化，让非程序专业的人员也可以创作各种功能事件。相较于全程编写代码来实现，此种可视化的游戏引擎设计在效率和效果上优势较高，很大程度降低了开发难度，从而成为开发者最喜爱的引擎之一。

目前 Unreal Engine 已经发布到第五代（Unreal Engine 5），Unreal Engine 5 支持跨平台的解决方案，是一个面向 Windows、iOS、Android、HTML、XBOX 360 和 PlayStation VR 等多种平台的完整开发框架，并提供了新一代实时渲染技术 Lumen（一套完全动态的全局光照解决方案）和 Nanite（新的虚拟化微多边形几何体系统），更新了全新开放世界工具集，内置的角色和动画工具，编辑器内建模、UV 编辑和烘焙，并且提供了完全程序化的音频引擎[17]等内容。Unreal Engine 5 界面如图 2－48 所示。

图 2－48　Unreal Engine 5 界面

2.3.3 CryEngine

CryEngine 是德国 CRYTEK 公司出品的一款对应最新技术 DirectX 11 的游戏引擎，现在已经更新到 5.7.1 版本。CryEngine3 是一个兼容 Microsoft Windows、Linux、PlayStation 3、PlayStation 4、Wii U、XBOX 360、XBOX ONE、iOS、Android 的次世代游戏引擎。与其他竞争者不同，CryEngine 不需要第三方软件的支持就能处理物理、声音及动画等效果。内置有 SANDBOX：实时游戏编辑器，可实现“所见即所玩”（What you see is what you PLAY）。玩家可以很容易地创建大型户外关卡，加载测试自定义的游戏关卡，或看到游戏中特效的任何变化。渲染工具具有完全 PBR 工作流程的全实时动态全局照明，允许使用习惯的工具创建超逼真的环境。简而言之，这是一个非常全能的引擎。

CryEngine 界面图如图 2-49 所示。基于 CryEngine 已开发了一些性能优秀的游戏，比如孤岛危机、永恒之塔、战争前线等。同时，著名的 3D 电影《阿凡达》的场景虚拟创建也是基于 CryEngine 完成的[17]。基于 CryEngine 构建高逼真的可视化虚拟环境，用于科学研究或军事训练，也正受到科研人员的青睐。比如，美国军方已经在这方面的军事训练领域投入大量资金，基于

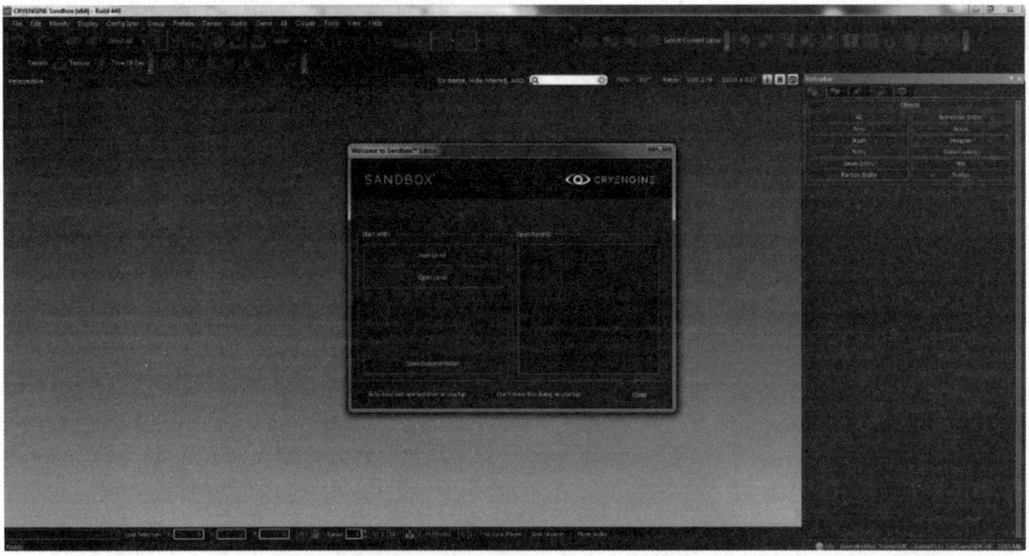

图 2-49 CryEngine 界面图

CryEngine 引擎构建虚拟训练系统，将用于对其分布全球的海、陆、空等多兵种进行训练。但是 CryEngine 近年来发展不太顺利，使其与市场脱节，发展比较缓慢。不过 VR 时代的到来，也给 CryEngine 带来了新的机会。

2.3.4　jMonkeyEngine

jMonkeyEngine (jME) 是一个专门为现代 3D 开发而开发的游戏引擎，封装了 OpenGL，提供一个完整强大的高性能的工具包，使 3D 游戏的开发变得更加容易。jMonkeyEngine 是一个纯粹基于 java 的引擎，它以 LWJGL 作为默认渲染器。它完全支持 OpenGL2 到 OpenGL4[18]。目前已经更新到第三代，从本质上来看，jME3 就是一个第三方 Java 类库，一旦在你的 Java/Android 项目中引用了 jME3 的 jar 文件，就可以获得 3D 引擎的能力。

此外，jMonkeyEngine 是一个开源软件，开发虚拟机器人和环境是免费的。它被一些教育机构和商业游戏研究机构使用，因为它很容易与一个先进的 SDK 集成。毕竟这个引擎的本质就是一堆 jar 文件，只需要选择自己熟悉的工具就可以提升开发效率。图 2-50 展示的是在 jmonkeyEngine 3 SDK 编译运行项目的源代码。

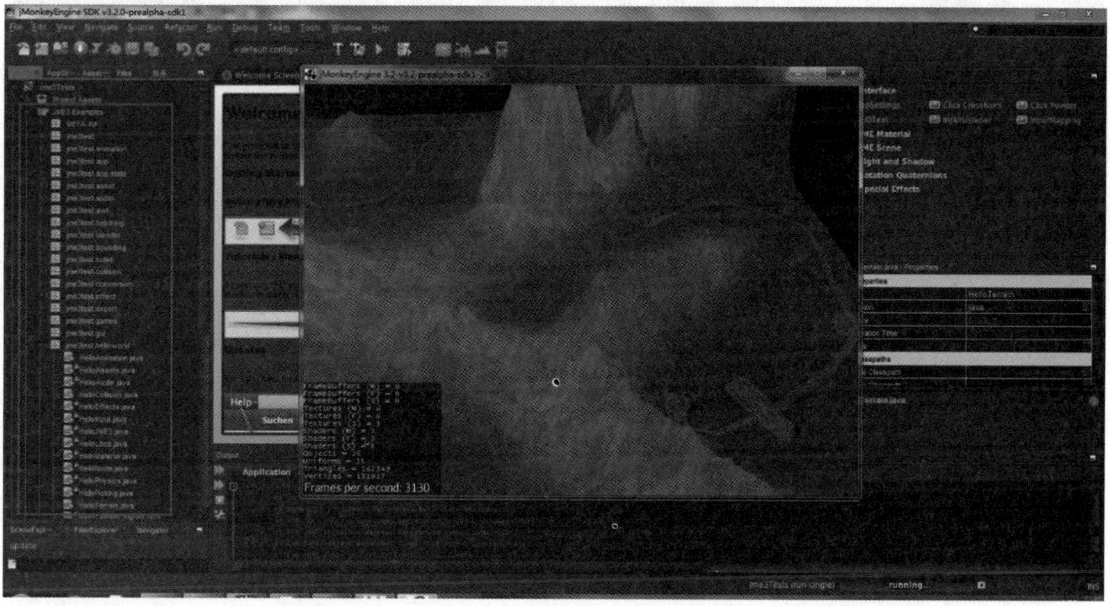

图 2-50　jMonkeyEngine 3 SDK 程序运行图

2.3.5　VRP 3D Engine

VRP 3D Engine 是一款由中视典数字科技有限公司独立自主研发的国产三维引擎，作为中国最早一批拥有自主知识产权的虚拟现实软件引擎，它拥有国产生态，底层内核自主研发，运行环境支持国外操作系统，例如 Windows、MacOS、iOS、Android、Linux 等，同时也支持银河麒麟、UOS、凝思磐石、起点、深度、共创等国产系统。发布内容国产加密，平台提供中文社区及云平台服务，打造全面国产生态闭环。它具有纯中文界面、简单易用、所见即所得等人性化的功能特点，逻辑开发可以使用拖拽式编辑，无需任何开发语言基础。成熟、完善的二次开发包 SDK，支持 JS、C＃、Python。引擎内置有海量的材料元素，拥有强大的专业实时渲染和后处理，助力实现逼真的视觉效果。图 2－51 所示为 VRP 3D Engine 的主界面图。

图 2－51　VRP 3D Engine 的主界面图

第3章　虚拟现实系统相关硬件

3.1　虚拟现实输入硬件

虚拟现实技术在虚拟与现实世界间搭建联系桥梁，硬件设备是承载系统功能的外在表现形式。虚拟现实系统一般由硬件设备和软件设备两大部分组成[19]。硬件包含跟踪设备、触觉设备、输入设备、图像显示与观察设备及高性能计算机等设备；软件主要是应用开发平台，快速储存和分析系统用户数据，生成模拟数据库。

在虚拟现实系统中，首先要建立一个虚拟世界，这就必须要有以计算机为中心的一系列设备，同时为了实现用户与虚拟世界的自然交互，单纯依靠传统的键盘和鼠标是达不到的，必须有一些特殊的设备才能得以实现交互，这些特殊设备需要使用专门设计的接口把用户命令输入计算机，同时把模拟过程中的反馈信息提供给用户。基于不同的功能和目的，有很多种虚拟现实接口用于解决多个感觉通道的交互。比如：用户要看到立体的图像，在虚拟场景中对目标人或物的跟踪等。建立一个虚拟现实系统，硬件设备是基础。

硬件设备大体由3个部分组成：输入设备、输出设备、生成设备[20]。主要输入设备有三维跟踪定位设备、运动捕捉设备、交互式设备[21]。

（1）三维跟踪定位设备

用于测量三维对象位置和方向实时变化的专门硬件设备称为三维跟踪定位设备。

（2）运动捕捉设备

运动捕捉是实时测量、记录人体或物体的运动轨迹和姿态，并在三维空间中重建运动体每一时刻运动状态的高新技术。例如捕捉身体动作、捕捉手势动作等。

(3) 交互式设备

作为虚拟现实系统的重要输入设备之一，交互式设备种类繁多。例如，数据手套是用户使用虚拟系统时非常重要的交互传感设备。用户通过穿戴数据手套，在虚拟环境中抓取、移动、控制物体完成交互。

3.1.1 虚拟现实手柄

在虚拟现实（VR）系统中，主流的 VR 硬件大多数会配备虚拟现实手柄设备，它的主要作用是方便用户对 VR 系统的数据输入、控制等操作，类似于计算机上的鼠标一样，是必不可少的操作方式。VR 手柄设备主要包括传统游戏手柄和动作感应 VR 手柄两大类[22]。传统游戏手柄以按钮、摇杆、触板进行操作，如 Oculus 为 Oculus Rift 配备的 XBOXONE 手柄，索尼的 DUALSHOCK 4 无线手柄等。动作感应 VR 手柄主要通过惯性传感系统加上光学追踪系统或磁场感应实现动作跟踪，如 Oculus 的 VR 体感控制器 Oculus Touch 手柄，HTC 的 HTC Vive 手柄及索尼的 PS Move 等。

(1) 传统游戏手柄

索尼的 DUALSHOCK 4 无线手柄有着直观的设计，杰出的舒适度。图 3-1 为 DUALSHOCK 4 无线手柄实物图。集成式光条设计，方便使用者看到更多提示，同时可以根据游戏内动作发出不同颜色的光线。配置有 USB 电池充电，立体声耳机插孔，内置扬声器等通用设备。还有动态感测器设计，以及可作为高灵敏度的内置加速计和陀螺仪，用于检测无线手柄的动作、倾斜和旋转操作。

虽然该类输入设备结构简单、操作方便，但对手部关节的精细动作无法精准定位，易受周围环境磁场影响而产生动作失真。所以更多的 VR 系统采用的输入设备是动作感应 VR 手柄。

(2) 动作感应 VR 手柄

动作感应 VR 手柄一般都是局部动作追踪，包括采用惯性传感器、振动马达的传统手柄及动作感应手柄。基于惯性传感器的手柄根据加速度和磁场传感器在各测量轴方向上的分量，计算得出手柄相对于重力加速度轴和地磁场轴的俯仰角和方位角，将这两个角度作为手柄的状态变量计算得到动作指令，通过串口传送到主机端，然后在虚拟场景中完成相应虚拟场景动作。动作感应 VR

图 3－1　DUALSHOCK 4 无线手柄实物图

手柄还通过外部摄像头实现手柄的位置追踪，使用户通过操纵 VR 手柄可以在虚拟场景中自由参观。此外，手柄还可以通过按钮方式进行人机交互，并通过振动马达的方式实现反馈，增强使用者的沉浸感。

目前比较市面上 VR 操控的主流手柄大致包括 Oculus Touch、Vive 手柄、PS Move 三种。

Oculus Touch 是 Oculus Rift 的动作捕捉手柄，配合空间定位系统使用。Oculus Touch 采用了类似手环的设计，允许摄像机对用户的手部进行追踪，传感器也可以追踪手指运动，同时还为用户带来便利的抓握方式。Oculus Touch 更符合人类的手形，你的手指可以很舒适自然地放在按钮与操作杆上，可以让人很直观地了解到如何使用设备。目前最新的 Oculus Touch 控制器在 Oculus Quest 2 一体机中配套发售，手柄图片如图 3－2 所示。

Vive 手柄是 HTC 与 Valve 联合开发 HTC Vive 虚拟现实头显中的手持控制器。HTC Vive 操控手柄有些像头重脚轻的哑铃，顶端采取了横向的空心圆环设计，上面布满了用于定位的凹孔，如图 3－3 所示。采用无线的方式与设备进行连接，拥有 SteamVR 追踪技术，360°准确追踪定位。手柄上配备了 24 个感应器，可以在虚拟世界中完美模拟用户的双手位置，配合手柄上的多功能触摸板、双阶段触发器、高清触觉反馈和可充电电池等。可以完成大量丰富的操作，准确清晰地触觉反馈，对于 VR 体验的提升有很大的帮助。

PS Move 是索尼新一代体感设备，全称为 PlayStation Move 动态控制器。它的造型更像是顶了个彩色圆球的手电筒，持握手感也非常相似，副操纵棒上

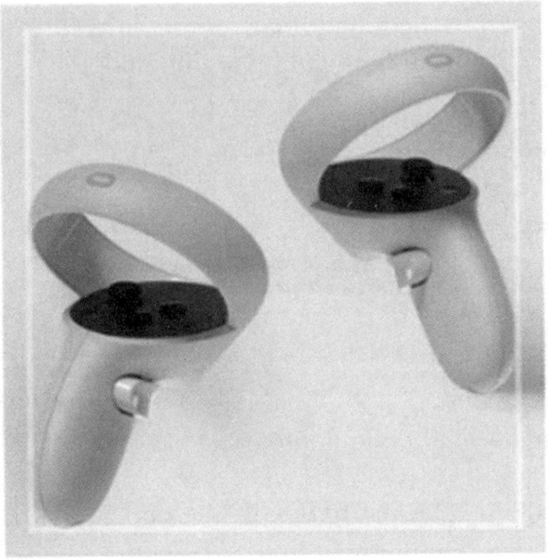

图 3－2　Oculus Touch 控制器

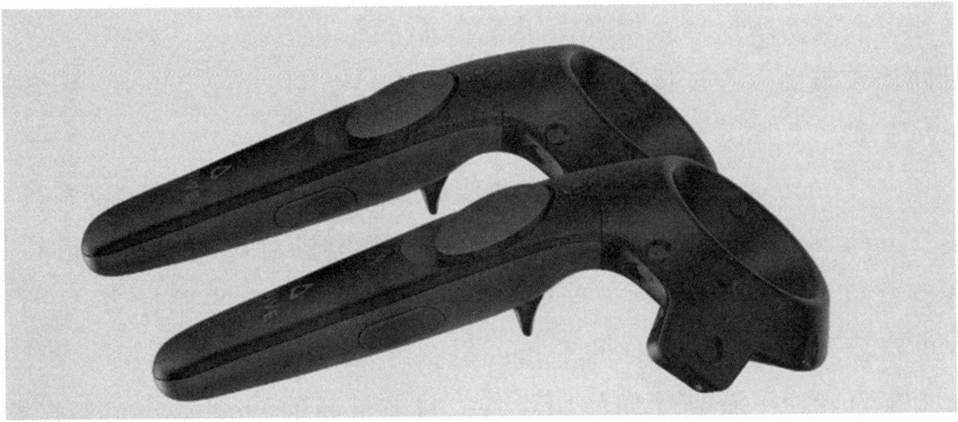

图 3－3　HTC Vive 手柄

甚至加上了传统手柄的十字按键，整体的控件按钮多达十几个，如图 3－4 所示。PS Move 手柄内部有一个三轴陀螺仪，一个三轴加速计以及一个地球磁场感应器，再加上 PSEYE 的空间定位，能够将 Move 手柄的任何操作细节 1∶1 地还原到游戏中。该手柄也内置了振动功能，使用内置充电电池，通过蓝牙与主机同步。PS Move 有极高的响应速度，可以将延迟控制在 1 帧以内，不仅会辨识上下左右的动作，还会感应手腕的角度变化。所以无论是运动般的快速活动，还是用笔绘画般纤细的动作，都能精准识别。

索尼在 CES2022 展会上公布的一款 VR 头显，其控制器被称为 PlayStation

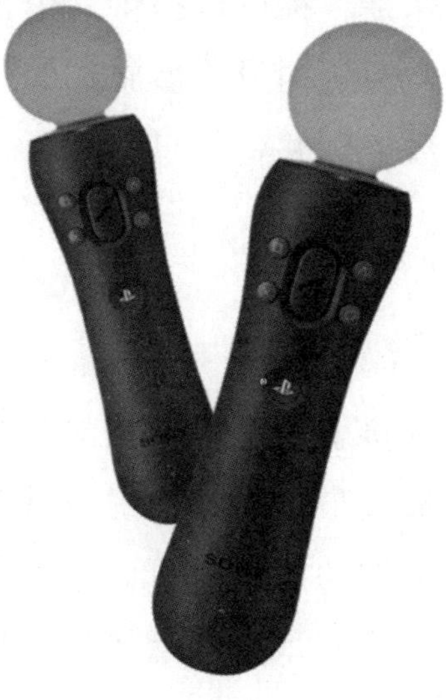

图 3 - 4　PlayStation Move 动态控制器

VR2 Sense 控制器，通过触觉反馈、自适应扳机、精准跟踪及电容式感测器手指触摸侦测，以令人惊艳的全新方式与虚拟世界互动，这全都整合于一个以人体工学设计的独特的球状外形中，如图 3 - 5 所示。拥有六轴动态传感系统（三轴陀螺仪＋三轴加速计）的动态感测、红外 LED 位置追踪等。

图 3 - 5　PlayStation VR2 Sense 控制器

除此之外，手持控制器还有三维鼠标、力矩球等[23]。三维鼠标可以完成在虚拟空间中 6 个自由度的操作，其工作原理是：在鼠标内部装有超声波或电磁探测器，利用这个接收器和具有发射器的固定基座，就可以测量出鼠标离开桌面后的位置和方向。力矩球是一种可以提供六个自由度的桌面设备，它被安装在一个小型的固定平台上，通过测量手所施加的外力，将测量值转化为3个平移运动和3个旋转运动的数值，并将信息传送至计算机，即可计算出虚拟空间中某物体的位置和方向等。

3.1.2 虚拟现实手套

手是我们与外界进行物理接触及意识表达的最主要媒介，在人机交互中亦是如此。基于手的自然交互形式最为常见。虚拟现实手套有多种产品，最常见的是数据手套。数据手套一般按功能需要可以分为：虚拟现实数据手套、力反馈数据手套。数据手套是虚拟现实系统中重要的人机交互设备，它的主要作用是可以捕捉人手的动作与姿态信息，将信息传递给虚拟现实系统，在系统中重新再现用户手部的动作与姿态[23]。

数据手套设有弯曲传感器，弯曲传感器由柔性电路板、力敏元件、弹性封装材料组成，通过导线连接至信号处理电路；在柔性电路板上设有至少两根导线，以力敏材料包覆于柔性电路板大部分区域，再在力敏材料上包覆一层弹性封装材料，柔性电路板留一端在外，以导线与外电路连接。不仅能感知手指关节的弯曲状态，将操作者手势的状态信息传递给虚拟环境，还能把虚拟手与虚拟物体的接触信息反馈给操作者，实现更具沉浸感的"触觉"虚拟真实环境[24]。

用户将数据手套穿戴在手上之后，便可以在虚拟现实系统中以虚拟的手来使用，可以在虚拟世界中对物体实现抓取、移动、操纵、控制等操作行为。手指和手掌伸屈时的各种姿势转换成数字信号传送给计算机，计算机通过应用程序识别出用户的手在虚拟世界中操作时的姿势，执行相应操作。在实际应用中还必须配有空间位置跟踪器，检测手在三维空间中的实际方位。

现在市面上主流的数据手套从传感器技术角度主要分为惯性、光纤以及光学三大类。纯光学的数据手套一般在手套关节上布置红外反光小球，通过外置的多个红外摄像头拍摄捕捉进行定位。该类数据手套常与光学全身动捕系统配套使用，但是由于手部动作容易被遮挡，且手指上红外定位点过小更容易丢失，所以对相机的分辨率、帧率要求较高，成本也同样较高。光纤数据手套采用光纤传感器，精度较高，稳定性和数据可重复性也不错，但是售价太过高昂，一般用于科研用途少量采购。另外光纤传感器在手指上的布置更加复杂，每只手需要 18 个甚至 22 个光纤传感器横向和纵向交叉分布，这也增加了校准的难度。惯性数据手套的优点是成本低，没有遮挡问题，使用前不需要搭建室内定位场地，缺点就是有漂移问题，容易受软磁物体干扰，导致数据偏差。

数据手套的出现，为虚拟现实系统提供了一种全新的交互手段。目前市面上有多种数据手套，代表产品有 5DT 公司的 5DT Data Glove Ultra、CyberGlove 公司的 CyberGlove 系列数据手套、荷兰 Manus VR 公司的 Prime Series Gloves 等。国产的数据手套有诺亦腾（Noitom）发布的诺亦腾 Hi5 手套，孚心科技发布的 FOHEART H1 手套等。该类输入设备使用简单、输入数据量小、速度快，可直接获得手在空间的三维信息和手指的运动信息，可识别的手势种类多，能够进行实时识别。

5DT Data Glove Ultra 是 5DT 公司为现代动作捕捉和动画制作领域的专业人士专门设计的一款数据手套产品，可满足最为苛刻的工作要求。该产品具有佩戴舒适、简单易用、波形系数小以及驱动程序完备等特点。超高的数据质量、较低的交叉关联以及高数据频率使该产品成为制作逼真实时动画的理想工具。它拥有先进的传感器技术，每只手套配备 5 个（基础版）或 14 个（增强版）传感器，具有高分辨率（最低 10 位弯曲分辨率）、低漂移和开放式架构、跨平台 SDK（Windows、Linux 和 Mac）、板载处理器、蓝牙技术（距离可达 20 m）、仅需使用一块电池、无线模块高速连接、自动校准等技术和功能。产品如图 3 - 6 所示。

图 3 - 6 5DT Data Glove Ultra

CyberGlove Ⅲ数据手套是美国 CyberGlove 生产研发的高端 VR 数据手套，运用新一代数据手套技术。MoCap 手套吸取了 CyberGlove 系列经典产品中累积的 20 多年的经验、改进和新特性、功能与设计，非常适合于动作捕捉环境。新旧产品交汇之际，一些 CyberGlove 数据手套大胆采用了前所未有的弹性传感技术。随着新 HyperSensor 专利技术所进行的重大改进，手部动作捕捉数据变得更为准确。新的 Wi－Fi 通信通道提供了更好的连接性，并使设备操作范围超过 100 ft。拥有板载便携式数据存储、Jam Synch 与其他动作捕捉系统、视频和其他外围设备（即全身和面部跟踪器、头部摄像头等）同步到舞台主时间码时钟模拟、增强的命令等功能。数据手套实物图如图 3－7 所示。

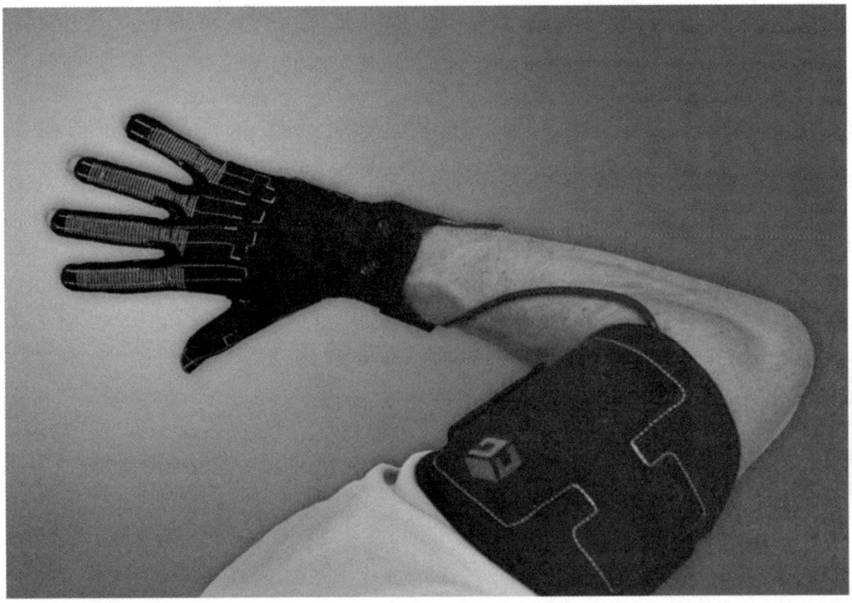

图 3－7　CyberGlove Ⅲ

FOHEART H1 是北京孚心科技有限公司所研发的数据手套，实物图如图 3－8 所示。手套采用了惯性传感器融合弯曲传感器的设计方案，使其手指避免磁场的干扰，增加了用户体验。每只数据手套具有 6 个惯性传感器和 5 个弯曲传感器，提高了捕捉精度。可拆卸式外面手套布料，即使产生污渍，也可以返厂，只需更换外面布料。集成式的充电方式，避免了繁杂的充电适配器，简约而不简单。通信采用了 2.4GHz/5.8GHz 的双频通信方案，避免了周围无线环境的干扰，从而确保在使用过程中不掉线、不丢帧，稳定可靠。多信道的通信模式使其可以在同一空间同一终端上达到 20 副以上数据手套同时使用。功能强大的客户端软件可以录制、回放数据，同时可以导出 Bvh、Fbx 等格式数据，SDK 可将实时数据流导入到第三方软件。

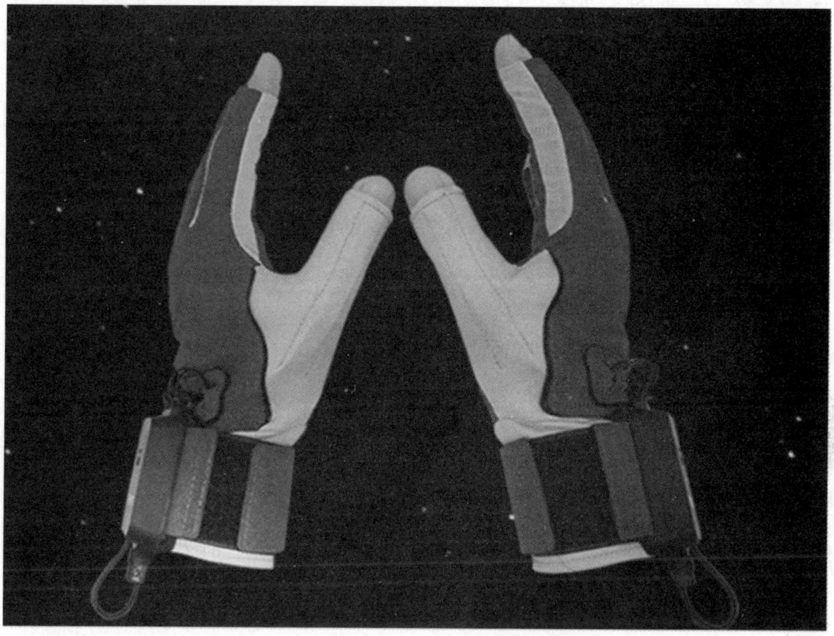

图 3－8　FOHEART H1

3.1.3　虚拟现实力反馈设备

在虚拟现实系统中力/触觉反馈设备能够为用户提供除了视觉、听觉之外的感觉——触觉和力觉，利用这种高度逼真的三维力（触觉）反馈能力可以使用户体会到虚拟现实人机交互的真实感，让用户真正感觉虚拟世界的真实存在，从而大大增强身临其境的人机交互虚拟现实体验。

力觉和触觉反馈通过由计算机控制的机械装置（力反馈设备或者触觉反馈设备）模拟出对应的力作用、振动、触感或者主被动运动，反馈到虚拟现实系统用户身上，使用户与虚拟环境具有力/触觉感知的交互[25]。力/触觉设备是可以将用户与虚拟系统环境相连接在一起，利用内置的各种传感器把用户在虚拟系统环境中的运动数据和位置信息传送给计算机，然后接收计算机计算出虚拟现实环境中的各物体之间的作用力，振动、滑动和温度等实时信息，通过力/触觉反馈设备反馈到用户身上，从而让他们通过力/触觉感受到虚拟现实环境中正在交互的物体。与传统的视觉和听觉反馈相比，力觉和触觉反馈能更好地提高虚拟现实环境的沉浸感、交互性和构想性，并提高操作的执行效率和成功率。

目前力/触觉反馈设备的研究主要集中在用户的手和手臂上。根据人与设备间的交互类型，基于力觉和触觉反馈的交互设备大体能分为两类：接触式反馈交互设备和非接触式反馈交互设备[26]。接触式力/触觉反馈设备根据设备的结构和交互方式又可分为桌面式力反馈设备和可穿戴式力反馈设备[27]。

桌面式力/触觉设备大多是固定在桌面或地面上的一种多关节机器人手臂，其末端控制器是与用户直接交互的界面。设备能够记录末端的控制器的运动轨迹，并通过跟随末端控制器的运动，在控制器上提供力/触觉反馈。其设备的组件主要有三个，第一是在机器人手臂的每个关节或末端控制器中都有位置或力传感器，用于测量用户驱动的控制器的移动（或用户施加在控制器上的力）。第二，有提供反馈力或扭矩的致动器。第三，有传动机构将扭矩从关节传递到末端控制器。末端控制器在虚拟场景中的虚拟化身可以是手（或手指），也可以是工具。近年来，随着传感器、机器人等技术的快速发展，出现了大量的桌面力反馈接口，如 SensAble Technologies Inc 的 Geomgic Touch 系列（原 Phantom 系列），3D Systems 公司的 Touch 系列，Force Dimension Inc 的 Omega 和 Delta 系列，等等。

Geomagic Touch X（原 Sensable Phantom Desktop）如图 3－9 所示，触觉设备通过力反馈提供了真实的三维输入，在医疗事业、工业装配、机器人等

图 3－9　Geomagic Touch X（左）和 Geomagic Touch（右）

领域得到了大范围的应用。Touch 设备可准确测量三维空间位置（利用 x、y 和 z 轴）和手持式触控笔的方位（上下翻动、左右晃动和侧向移动）。反馈设备使用电机来产生向后推动用户手掌的力量，从而模拟触觉并与虚拟对象交互。拥有 3DOF（自由度）和 6DOF 位置感应，便携式设计、小巧的底座，移动式感应尖端，开放式控制器设计，用户可以自由设计控制器等功能。

瑞士 Force Dimension 公司设计的 Omega 系列产品拥有 Omega. 3、Omega. 6 和 Omega. 7 三个版本，提供平移、旋转和抓取功能。Omega. 7 是市面上最通用的触觉设备，实物如图 3 - 10 所示。它拥有七自由度主动力反馈、旋转感应和主动抓取等特点，其末端执行器覆盖了人手的自然运动范围，并与双手动远程操作控制台设计兼容。全重力补偿和无漂移校准的结合有助于提高用户的舒适度和准确性。主动夹持器可在两个方向上产生高达 8 N 的抓取力。Omega. 7 采用左手或右手配置，并利用 Omega. 3 的所有平移力反馈功能。支持 Microsoft、Linux、Apple、macOS 等多个平台，支持 SDK Haptics、SDK Robotics、CHAI3D 软件。

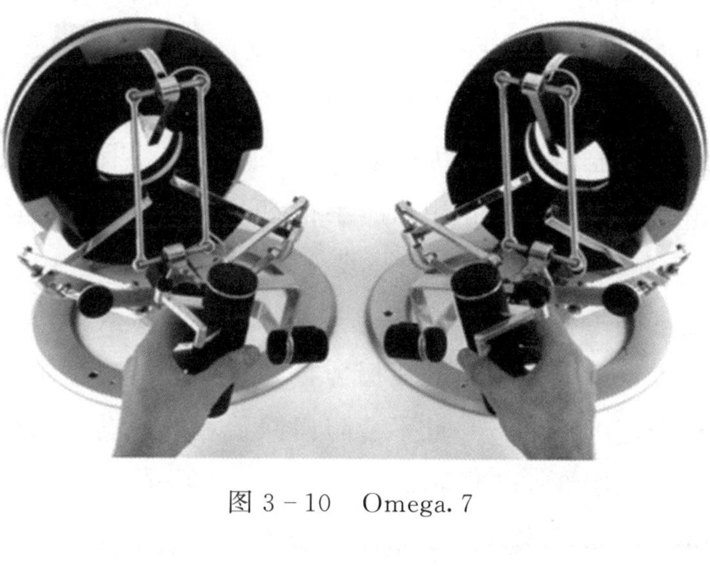

图 3 - 10　Omega. 7

可穿戴式力反馈设备则是泛指可以方便地穿在操作者身上的设备，当前的可穿戴触觉设备包括三种类型[27]：动觉和触觉反馈设备、触觉反馈设备和集成反馈设备。可穿戴式触觉设备分为基于背部的、基于手掌的和基于手指的。目前，可穿戴反馈设备最方便、应用最多、交互密度最频繁的反馈可穿戴设备是力反馈数据手套。在虚拟现实系统的触觉再现中，用户戴着力反馈数据手套，以控制手化身触摸或抓握虚拟物体，并获得指尖甚至整个手表面的力反馈，能大大地增强虚拟现实操作的沉浸感和交互性。

Perret J、Vander Poorten E 按照不同类型技术把力反馈手套分为三个类别："传统手套"、"顶针类指套"、"外骨骼"[28]。"传统手套"指的是一种由某种灵活的织物制成的服装，它适合手的形状，让手指独立活动。测量手指弯曲度的传感器和反馈皮肤或骨骼的驱动器要么缝在织物内，要么固定在手套外面。例如美国的 CyberGlove 公司 CyberTouch 系列、HaptX 公司发布的 HaptX Gloves DK2 触感手套等力反馈手套。"顶针类指套"是通过类似"顶针"的配置与驱动器连接到指尖的指套。如果有可能将几个顶针组合在一起，以便同时对几个手指提供反馈，这样，类似于触觉手套的功能就可以出现了。例如 Tactai 公司提出的 Tactai Touch 产品。"外骨骼"一般是一种铰接结构，用户戴在手上，将力传递给手指，该结构与手外侧的手指平行，许多中间连杆将外骨骼连接到手的不同指骨上。例如 CyberGlove 公司发布的 CyberGrasp、CyberForce 等手套，Haption 公司的 HGlove 等产品。

CyberGrasp 设备是一种轻巧的、力反射的外骨骼，适合 CyberGlove 数据手套（有线版本），并为每个手指添加电阻力反馈。借助 CyberGrasp 力反馈系统，用户能够在模拟的虚拟世界中感受到计算机生成的 3D 物体的大小和形状。抓握力是由通过外骨骼路由到指尖的肌腱网络产生的。有五个致动器，每个手指一个，可以单独编程，以防止用户的手指穿透或压碎虚拟固体物体，每根手指 12 N（最大，连续）。高带宽执行器位于小型执行器模块中，该模块可以放置在桌面上，也可以戴在 GraspPack 背包中以进行便携式操作。该装置在整个运动范围内施加大致垂直于指尖的抓握力，并且可以单独指定力。CyberGrasp 系统允许手部的全范围运动，并且不会阻碍佩戴者的运动。该设备是完全可调的，适合各种手，如图 3－11 所示。

HaptX Gloves DK2 手套采用了微流控技术来实现触觉反馈，其中每只手套包含 133 个触觉致动器，每个触觉致动器可将皮肤置换至 2mm，以施加物理压力，复制现实世界物体的感觉。使用高功率密度气动执行器，可承受 40 磅的重量（175 N）的电阻力，从而使用户可以获得逼真的力反馈体验。磁性运动跟踪和手部模拟系统实现了亚毫米级精度，每只手具有 30 个自由度（DoF），无遮挡，无可感知延迟等技术。HaptX Gloves DK2 手套如图 3－12 所示。

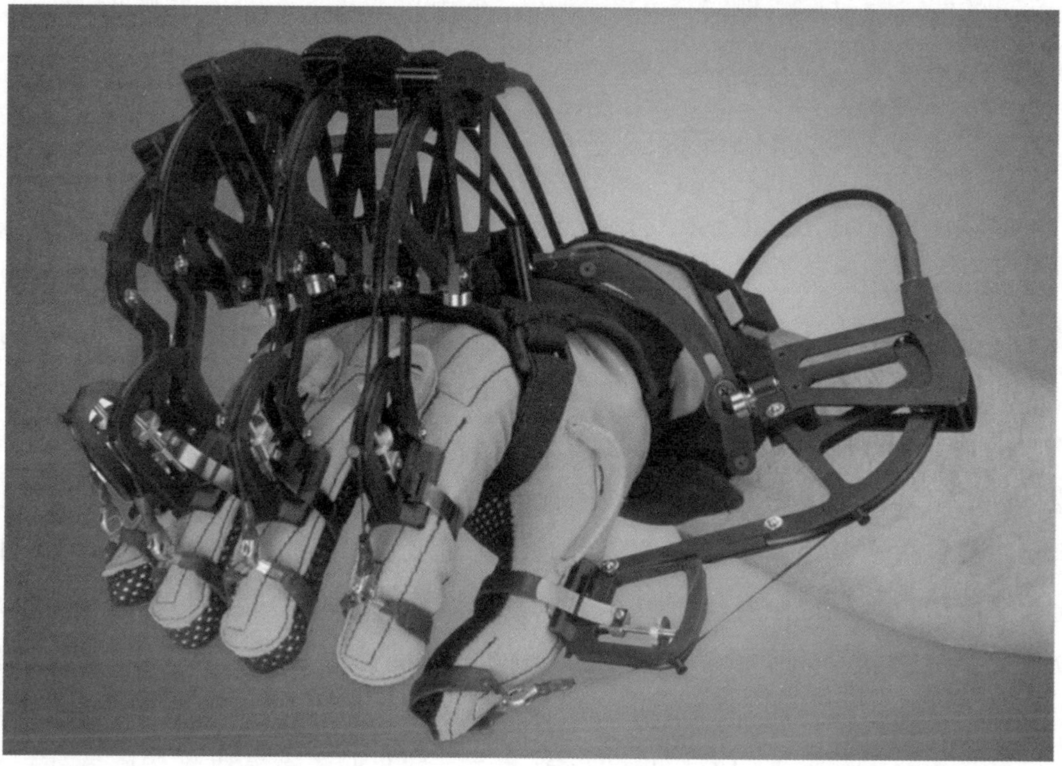

图 3 - 11　CyberGrasp

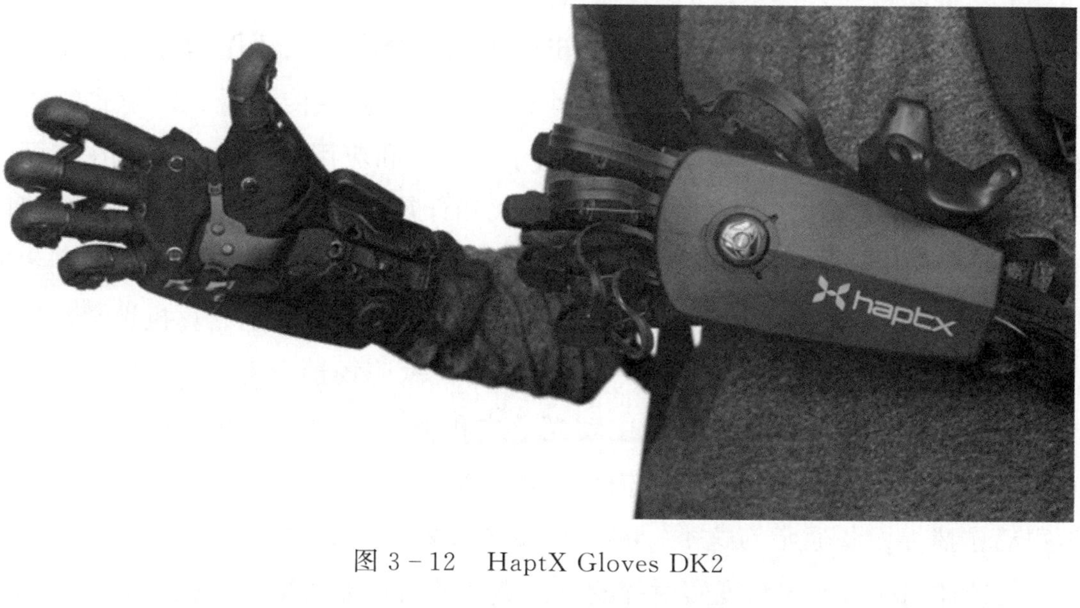

图 3 - 12　HaptX Gloves DK2

除了上文介绍的用户在与虚拟环境交互时，需要接触的力/触觉交互设备外，还有一些非接触的自然交互方式的力/触觉反馈方法。例如利用空气压力设计出的气体喷射虚拟现实交互装置[29]，令用户的皮肤感受空气喷射的压力，从而实现非接触式的力/触觉反馈。

3.1.4 虚拟现实动作捕捉设备

动作捕捉（Motion Capture）是指利用外部设备对人体结构的运动进行数据记录和姿态还原的技术。具体地说，动作捕捉是一种通过实时地准确测量、捕捉和记录人在真实空间中的运动轨迹或姿态来跟踪人运动轨迹或姿态的方法，利用记录的数据在虚拟空间中重建虚拟角色的运动[30]。

目前，动作捕捉技术已进入实用阶段，成功应用于虚拟现实、游戏等领域。在虚拟现实系统中，人体运动捕捉的目的就是把一个真实世界的人的全身运动信息重构在一个虚拟环境的角色上，从而表现出真实的人体运动动作，以此能够使用户更好地全身心沉浸在虚拟世界里。动作捕捉系统主要由这 3 个部分组成：传感器、数据传输模块和数据处理模块[31]。通常，由传感器在目标用户表面，如手部、腿部、胳膊、膝关节、脚部等部位，获取该位置的相关运动信息，用测得数据来跟踪用户的运动。再通过数据传输模块将传感器捕捉到的运动信息通过有线或者无线的方式传输到数据处理模块上，进行数据的处理和虚拟现实环境中人体运动的重建。

随着动作捕捉技术的逐渐发展，出现了众多分类。从动作捕捉技术原理层面，动作捕捉技术分为光学式、基于计算机视觉、惯性传感器、声学式、电磁式、机械式六大类动作捕捉系统[32]。由于体验性和应用性的差异，现在市面上主流的动作捕捉系统主要为光学式、惯性式和计算机视觉动作捕捉系统这三种，而声学式、电磁式、机械式这三种因技术成本、可行性、精度等均无法达到主流动作捕捉技术水平，所以量产较少，在市面上并不常见。其中计算机视觉动作捕捉系统由于价格低廉，应用范围广，所以在各种家庭场景应用较为广泛。

光学动作捕捉系统可以分为主动光学式和被动光学式。主动光学式一般由光学标记点、动作捕捉相机、传输设备以及数据处理工作站组成，市面上的光学式动作捕捉设备通常为这类。在人体多个关键部位粘贴光学标记点，由一个或多个动捕相机从不同角度实时探测这些点，然后传输数据。根据计算光学标记点的三维空间坐标，再从人体工学原理解算出骨骼的六自由度运动数据信息。被动光学式设备与主动光学式设备的主要区别在于光学标记点，前者是使用一些特殊材料对发出的光信号进行反射接收，后者则是主动标记光学标记点。

基于计算机视觉动作捕捉系统由光学式动作捕捉系统衍生而来，原理是由一个或多个高速相机从不同角度对目标特征点的监视和跟踪，同时结合骨骼解算的算法来完成动作捕捉。理论上对于空间中的任意一个点，只要它能同时被两台以上相机所见，就可以确定这一时刻该点在空间中的 3D 位置。当相机以高帧率连续拍摄时，从图像序列中就可以得到该点的运动轨迹。该类设备利用外设摄像头、红外光采集图像，建立手势模型，实现对用户动作的捕捉。目前市面上的代表性产品有微软公司的 Kinect 系列、美国加州互联网公司 Leap 研发的 Leap Motion 等设备。

Kinect v2 是微软新一代体感摄影机，如图 3－13 所示，它采用了 ToF 技术进行深度图形的绘制，拥有三个摄像头：彩色摄像头：用来拍摄视角范围内的彩色视频图像；红外投影机：主动投射近红外线光谱，照射到粗糙物体或穿透毛玻璃后，会形成随机的反射斑点，称为散斑，进而能够用红外摄像头读取；深度（红外）摄像头：接收反射光脉冲的飞行（往返）时间解算出与目标的距离，进而获取视野内各目标的三维数据，构成深度图。拥有四元线性麦克风阵列，声音可以从 4 个麦克风采集，内置数字信号处理 DSP 等组件，同时

图 3－13　Kinect v2

过滤背景噪声，可定位声源方向。在 0.5～4.5 m 的范围内同时捕捉视角内最多 6 个目标的动作姿态，并可以给出每个目标身体 25 个关节点的数据，精度在2～4 mm 左右。相机的水平视角可达 70°，垂直视角可达 60°，每秒可捕捉 30 帧的深度图（512×424）和 RGB 图（1920×1080）。结合官方提供的开发者套件（ Software Development Kit，SDK）可以调用，不需要结合另外的设备。

基于惯性传感器的动作捕捉系统主要由多个集成加速度计、陀螺仪和磁力计等惯性传感器设备组成，然后通过算法实现动作的捕捉。一般都是将惯性传感器设备穿戴或绑定在手臂、腰、腿、脚等多个部位，每个部位的传感器都可以采集和读取到相关的运动数据，将各个部位的数据通过无线网、蓝牙等其他方法传输到信息处理单元进行运动解算。根据得到的各部分肢体的运动信息，再结合骨骼的长度信息和骨骼层级连接人体工学关系，就可以计算出关节点的空间位置信息，从而测量转向、运动加速度和位置变化。基于惯性传感器的动作捕捉系统采集到的信号量少，方便实时完成人体姿态跟踪任务，解算得到的姿态信息范围大、灵敏度高、动态性能好，且惯性传感器体积小、便于佩戴、价格低廉。目前市面上的代表产品是 Noitom（诺亦腾）的 Perception Neuron 系列全身无线动作捕捉系统。

Perception Neuron 3 Pro（PN 3 Pro）是诺亦腾高级惯性动作捕捉系统，

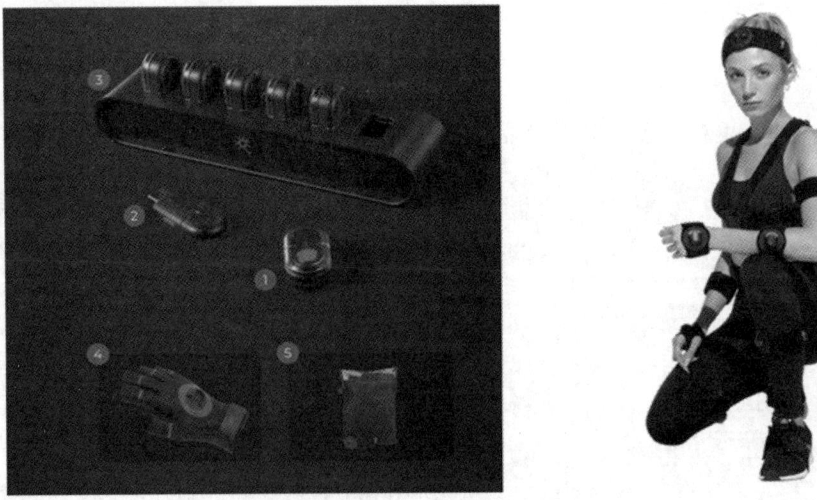

图 3－14　PN 3 Pro 设备

如图 3－14 所示。PN 3 Pro 搭配的算法引擎与硬件嵌入式系统融为一体，针对人体运动的特性进行了着重优化，适应各种场景的动作捕捉。它包含全身 17 超小型无线节点惯性传感器，每个质量仅为 4.1 g，内置 AHRS 计算库，提供传感器姿态数据，并采用全新一代传感器算法与人体动作算法等，令捕捉数据更为精准。还有双手动捕手套、全身绑带、动捕压缩服、传感器充电盒以及高强度安全箱等组成部分。支持手指动作捕捉，具有全新的软件系统以及全面开放并集成 UE、Unity 等行业标准的动作捕捉的插件体系，支持更多高级软件功能，以及可满足多种应用领域的动作捕捉需求。

3.1.5　虚拟现实语音输入设备

自然语言是指人类在社会生活中自然使用的语言（如汉语、英语等），是相对于计算机编程语言而言的概念。自然语言处理（NLP）是指计算机识别、理解、计算分析和生成自然语言的过程。随着科技的发展，自然语言处理技术也得到了很大的发展，进而人机语音交互也得到了很大的进展。在虚拟现实系统中，人们倾向于将交互对象拟人化，人与人交互中最重要的交互手段之一便是语音交互，如果能够通过语音进行交互来实现一些操作指令，将会使用户与虚拟现实系统的交互变得更加自然，更加便捷，这也能很有效地减少其他形式交互的干扰（手势交互），使用户的沉浸式体验大大地提高[33]。

语音交互有三个关键的技术，就是语音识别、语音合成和语义理解[34]。语音识别技术就是指能够让计算机识别和理解人的自然语言信息，并将语音数据转换成对应的文本数据的技术。语音合成技术与语音识别相反，就是指能够让计算机将文本数据合成对应语音数据的技术。语义理解就是通过一些算法使计算机能够从语音识别出的文本信息中理解用户的指令。

在语音交互过程中，用户通过语音输入设备（麦克风）将语音输入到虚拟现实系统中，然后系统将先通过语音识别转化为相应的文本内容，再通过语义理解进行基于上下文的交互意图判断，并且将结果利用语音合成技术输出，从而达到语音交互。同时在交互的过程中，还可以通过对声音的语调、声音的响度等声音学特征和内容进行分析，判断用户在与之互动时的情绪变化，综合分析用户的交互意图和情绪，做出更为合适的反应[35]，从而达到更深层次的真实体验。

虚拟现实的语音输入设备一般为麦克风，目前市面上主流的 VR 一体机或者 VR 头显基本都配备了内置麦克风设备，如 HTC Vive、Oculus Rift 等设备。不具备麦克风语音输入设备的 VR 设备也可以通过其预留的接口外界麦克风进行语音输入。能够实现虚拟现实全景环绕声音输入的麦克风有很多种，例如 AMBEO VR Mic，NT－SF1 等麦克风。在语音识别领域上，语音识别设备有：科大讯飞、百度、云知声等产品。可以通过虚拟现实系统与语音识别设备平台结合来实现语音交互，通过语音控制来实现虚拟现实系统的各种操作还有很大的开发和研究价值。

3.1.6 虚拟现实眼动输入设备

眼球追踪技术主要是研究利用采集设备获取人类眼球的运动信息，从而实现对虚拟现实系统的一系列操作。目前热门的眼动追踪技术主要是一种光学跟踪方法[36]，基于眼睛视频分析的“非侵入式”技术，其基本原理是将一束不可见的近红外光和一台摄像机对准被试者的眼睛，通过光线和后端分析来计算用户正在观看的方向或感兴趣的点。

在虚拟现实系统中，将眼动跟踪技术应用其中，虚拟现实中，可以实现二者的优势互补。主要应用在这几个方面：其一是眼动人机交互，在眼动设备检测用户注视特定目标时的眼睛行为和视线方向时，根据算法使其“理解”眼动行为信息，令用户无需接触界面，只靠眼动便可完成交互，极大增加了用户的操作速度和体验感。其二是注视点渲染，根据视觉呈现的景物三维性，在虚拟世界中看到立体、有景深的画面，对图像渲染能力要求极高。可以利用眼动追踪设备获取的眼球运动数据，实现模拟人眼视觉的视网膜中心凹渲染技术，并实现渲染位置随眼球的运动而变化，只对视线的中央区域画面进行高分辨率渲染，视域边缘区域采用低的分辨率渲染，从而有效地降低硬件产品负荷[37]。其三是减轻 VR 眩晕症。可以通过眼动追踪，在虚拟现实环境中建立用户焦平面，接着将该信息发送到显示器进行相应调整，设置焦距以匹配从用户眼睛到目标的虚拟距离，变焦用户与显示器的距离能使得用户获得更好的沉浸感。也可以通过眼动追踪来变换视角，减少头部的运动，眼睛自适应机制可以模拟真实生活中对景深的感知，使画面更真实，眩晕感也会减轻。最后，还可利用眼动追踪信息进行用户行为分析，从而对产品系统等软硬件设备进行针对性优化，还可以降低用户疲劳，减少追踪误差等。

随着虚拟现实系统和眼动追踪技术的发展，VR 眼动追踪的方法大致分为五种[38]：眼睛影像捕获法、利用捕获影像调整显示内容法、重建眼球为三维模型法、反射法和多视角跟踪法。眼睛影像捕获法主要是使用摄像头设备通过捕捉光反光镜等传输的反射眼睛中的影像来获取眼动追踪，这样的方法需要摄像头正对着眼睛且必须要拍摄到眼睛图像。目前对此技术研究较多的有 Tobii、Google 等企业使用 VR 头显内置摄像头捕捉眼睛运动。利用捕获影像调整显示内容法是根据摄像头设备采集视网膜特征，由算法计算眼睛的注视方向，并通过光波导来计算视网膜影像。目前对此研究较多的有 DIGILENS、Facebook 等企业。重建眼球为三维模型法就是通过光场相机和结构光等这类装置，把眼球建立成三维模型，计算此模型来进行眼动追踪。目前对此研究较多的有 Microsoft、Oculus 等企业。反射法主要是通过反射装置反射瞳孔角膜、视网膜和角膜来进行眼动追踪。目前对此研究较多的有 Magic Leap、Tobii 和 Sony 等企业。多视角跟踪法是通过菲涅尔透镜捕捉眼睛的多个状态图以追踪眼睛动态，多用于含有多视角摄像机的场合。目前对此研究较多的有 Google、Sony 等企业。

目前，市面上大多数虚拟现实眼动输入设备为集成眼动跟踪系统的 VR 头显设备，如日本的 FOVE 公司的 FOVE 0、由 HTC 与 Valve 联合开发的 Vive Pro Eye、佳能国际的 StarVR One 等虚拟现实头盔。还有可拆卸式的眼动追踪配件，代表产品是七鑫易维公司的 aSee VR 虚拟现实眼动仪，可以与 HTC Vive Pro 头盔结合使用，实现眼动控制及眼动数据的记录、输出。

Vive Pro Eye 是高科技计算机公司（HTCs）Vive Pro 的升级版，如图 3－15 所示，使用了陀螺仪、瞳距传感器、距离感测器、触摸传感器等，实现精密眼动追踪，创建更加身临其境的虚拟模拟。Vive Pro Eye 拥有扩展的用户分析，了解意图并改善反馈；简化的输入和导航，将手持控制器设为可选；增强的虚拟协作，在 VR 中创建逼真的交互；注视点渲染，智能分配 GPU 工作负载等。眼动追踪注视数据输出频率（双目）为 120 Hz，精度 0.5°～1.1°，追踪可视角 110°，数据输出眼球信息为：凝视原点、凝视方向、瞳孔位置、瞳孔大小和睁眼状态，SDK 引擎兼容 Unity、Unreal 系统。

aSee VR 为七鑫易维的虚拟现实眼动仪，如图 3－16 所示，结合 HTC

图 3－15　Vive Pro Eye

Vive Pro 设备推出了“即插即用的模组式”和“直接使用的植入式”两种方案，支持在虚拟现实场景内全方位的眼动数据采集。使用了角膜反射法眼动追踪技术，采样率为 120～380 Hz，追踪可视角 110°，模组质量为 24 g（单眼），小巧轻便。与配套的分析软件一同使用，可以实现基于眼动数据指标的工程管理、实验录制、AOI 绘制、数据分析等功能快速统计与分析。同时支持个人虹膜识别功能、智能切换被试身份信息、实验录制回放、注视轨迹图、注视热图等可视化结果的呈现。

图 3－16　aSee VR

3.2　虚拟现实输出硬件

虚拟现实输出设备主要是为用户提供输入信息的反馈，就是将各种虚拟现实输入设备所接收的各种感知信息转变为人能接收的多通道刺激信号。为了实现虚拟现实系统环境的沉浸特性，虚拟现实输出设备必须具备人体的感官特性，包括视觉、听觉、触觉、味觉、嗅觉等。基于目前的技术水平，成熟和相对成熟的感知信息的产生和检测技术仅有视觉、听觉和触觉（力觉）三种，现在主要应用的有基于视觉、听觉和力觉感知的设备，基于味觉、嗅觉等的设备有待开发研究。

目前，基于视觉和听觉的虚拟现实影像的显示设备已经比较成熟，大多数 VR 显示输出设备通过光学系统展现沉浸效果，接下来将通过虚拟现实头盔、CAVE 系统、立体 3D 眼镜、裸眼立体显示器和增强现实头盔来介绍虚拟现实输出设备。通过这些设备来更好地认识和体验虚拟现实系统。

3.2.1　虚拟现实头盔

虚拟现实头盔显示器（Head Mounted Display，HMD），一般是指通过近眼接触与特殊成像的方法，来创造一个虚拟现实系统环境的视觉空间，以实现虚拟现实所带来的沉浸感和真实感[22]。虚拟现实头盔一般为沉浸式虚拟现实头盔显示器，又叫做非透视型头盔显示器。戴上这种显示器只能令用户看到虚拟世界的环境，而看不到现实世界的环境，所以主要用于对虚拟场景高度仿真场所，如游戏、医疗、工程建设、训练模拟等方面的应用。

头盔显示器作为一种头戴式图形显示与观察设备，这类设备能更好地满足和展示虚拟现实系统的特性。人类基于视觉从外部世界获取的信息高达 80%，沉浸式虚拟现实头盔显示器比其他类型的虚拟现实显示器的沉浸感更好，同时使得交互更加自然和方便。这使沉浸式虚拟现实头盔显示器输出设备在虚拟现实系统中有很重要的地位。

沉浸式虚拟现实头盔显示器是利用人左右眼屏幕分别显示左右眼的图像，人眼获取这种带有差异的信息后在脑海中产生立体感。一般都是采用在用户左右两只眼睛绘制出具有视差效果的场景画面，然后单独送到相应的眼睛中，两幅场景画面有一定的重合区域，在重合的区域画面上会引发用户的双目视觉，使用户感受到三维立体画面[39]。沉浸感越强烈，体验的虚拟现实系统环境越真实。

虚拟现实头盔显示器一般由微图像源、光学系统、定位传感系统、电路控制及连接系统组成[40]。其原理是微图像源所产生的二维影像藉由光学系统放大，所发射的光线经过凸状透镜使影像因折射产生类似远方效果，利用此效果将近处物体放大至远处观赏而达到所谓的全像视觉。根据这些方位信息计算出用户当前姿态，构建虚拟对象并将其显示在头盔显示器的屏幕上。

目前市面上 PC 端 VR 头盔显示器最为流行，也最为专业，用户体验非常好，也是虚拟现实硬件公司的主流产品。例如 HTC Vive 公司的 Vive Pro 2、Facebook 公司的 Oculus Rift s 等产品。除此之外还有 VR 一体机，指将数据运算主体和显示主体集成，不需外接设备的 VR 独立平台。例如 Facebook 公司的 Oculus Quest 2、Sony 公司的 PS VR 和 Pico 公司的 pico neo 3 等产品。还有基于手机的移动端 VR 头显，主要配合智能手机使用，本身不带 CPU、GPU，例如谷歌 Cardboard、三星 Gear VR、小宅 z6 等产品。

Oculus Quest 2 是 Facebook 于 2020 年 9 月在 Facebook Connect 上正式发布的 VR 一体机。全身采用纯白色机身设计，重 503 g，机身采用全塑料材质，头戴材料为布质。使用弹性头带，两边的小型定向扬声器设在头带安装处，内置在头显的两侧，具备立体声效果。头显上配备 USB－C 插槽端口用于充电，头显底部设置了音量键，电源按钮位于头显右侧，如图 3－17 所示。使用 LCD 屏，搭载高通 Snapdragon XR2 处理器，配备 6GB 运行内存。采用单眼 1832×1920 显示屏分辨率，双眼 3664×1920 显示屏分辨率，支持 72 Hz 和 90 Hz 的刷新，拥有三档瞳距调节等技术。

Vive Pro 2 黑色外观较圆润，前置摄像头增至两枚，麦克风放置在镜头下方，增强前方收音效果，后方采用旋钮调节松紧，同时增加了海绵垫及固定带，如图 3－18 所示。拥有 PC－VR 的新一代视觉效果和音频体验，由两块双 RGB 低余辉 LCD 屏幕材质镜片组成，单眼分辨率 2448×2448（双眼分辨率 4896×2448）达到 5K 显示级别，是目前分辨率最高的 VR 头显之一。采用 120°超大视场角，让 VR 内容的视觉范围更加广阔，更好地匹配人眼视觉。支持 120 Hz 的高刷新率，超高的视觉流畅度。可调节瞳距（IPD），提供最佳的

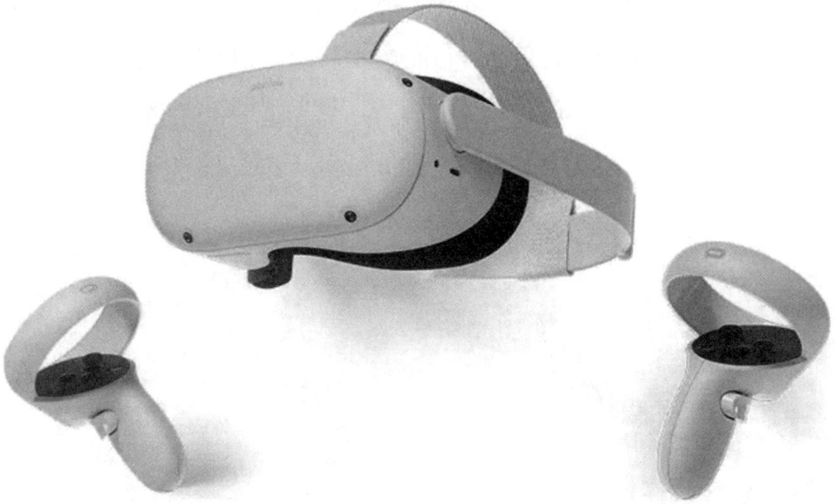

图 3-17　Oculus Quest 2

观看舒适度，降低视觉疲劳。采用人体工学设计，适应各种头型和视力类型，甚至可以佩戴眼镜使用等。

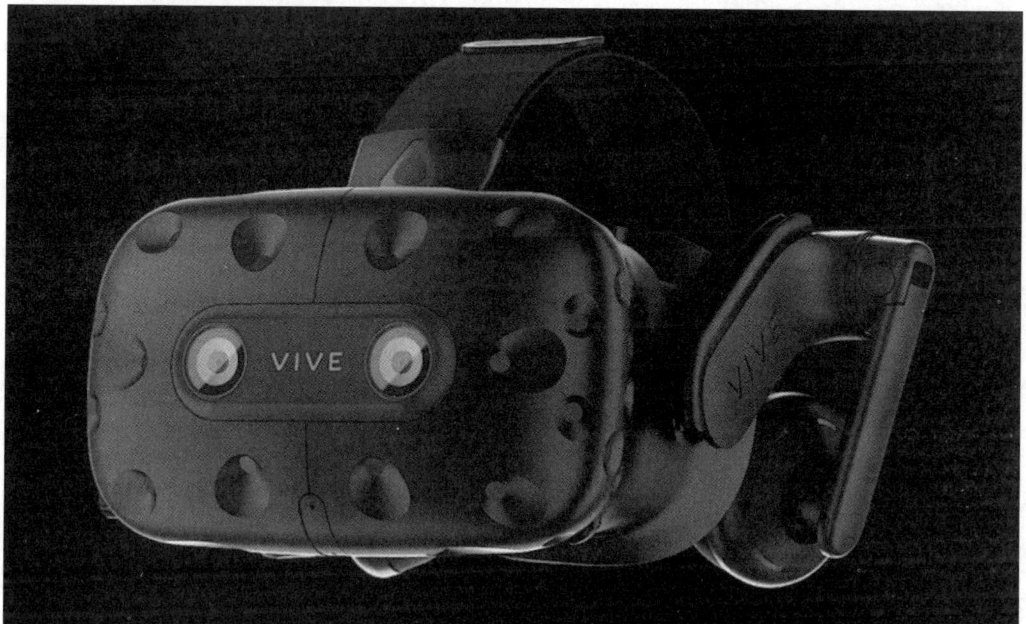

图 3-18　Vive Pro 2

小宅 z6 是深圳小宅科技有限公司的一款手机 VR 头显，外壳是时尚典雅白皮革，可折叠方便携带，整机质量为 395 g（包含耳机、头带），如图 3-19

所示。兼容 4.7～6.2 in（全面屏 6.5 in）尺寸的 Android 或 IOS 手机，采用独立声卡驱动 50 mm 大振膜耳机单元，准确还原声音的位置和移动轨迹，非球面高透镜可达 110°视场角，优化光学设计，有效消除杂散光和光晕，佩戴更轻，视场角更大更清晰。视力可调节，远视 200 度至近视 400 度，支持佩戴眼镜等设计和功能。

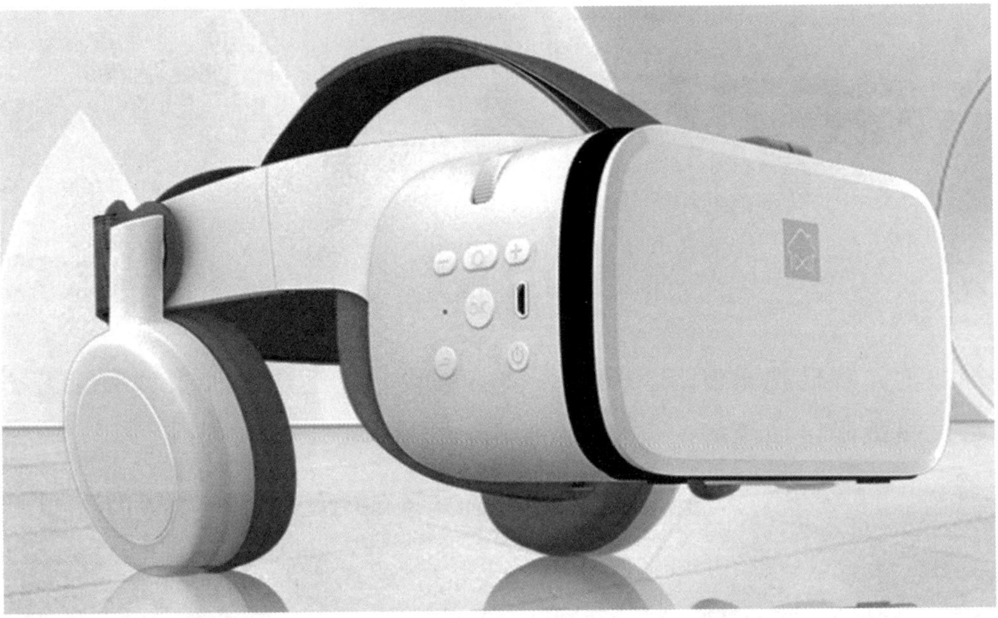

图 3－19　小宅 z6

3.2.2　CAVE 系统

CAVE 英文全称 Cave Automatic Virtual Environment，中文译为“洞穴状自动虚拟系统”，是一种基于投影的高度沉浸式虚拟现实系统[41]。CAVE 以 VR－Platform CAVE 虚拟现实显示系统为代表，具有分辨率高、沉浸感强、交互性好的特点。CAVE 系统是以计算机图形学为基础，将高分辨率的立体投影显示技术、多通道视景同步技术、视角动态跟踪及捕捉技术、音响技术、传感器技术等结合，产生一个被三维立体投影画面包围的可供多人使用的完全沉浸式的虚拟环境。

在虚拟现实显示上，VR 头盔显示器本质上是在观看显示器，好比是虚拟的 3D 世界上的 2D 窗口。而 CAVE 投影显示系统能够为用户在 3D 模型的环境中提供实际存在的感知效果[42]。由此，CAVE 投影显示系统能更好地实现虚拟现实环境的仿真，提升虚拟世界的真实感，克服其他方式虚拟现实系统沉浸感低、交互性弱的固有缺陷，使用户有更强的沉浸感。与目前的 VR 头盔显示器相比较，CAVE 投影显示系统具有分辨率更高、3D 立体眼镜等佩戴式设备轻便舒适、多人现场可协作的优势，对于长时间进行虚拟现实系统的体验和操作更加优秀。

CAVE 投影系统一般是由三面或者三面以上的投影墙构成的高度沉浸环绕虚拟空间，如图 3－20 所示。通过高解析度立体成像技术和高保真声场还原技术的应用，在结合激光定位技术与动作捕捉技术等时，配合三维跟踪器，通过对各种现实环境和人体感觉的反馈和模拟，使用户可以在被投影墙包围的系统近距离接触虚拟三维物体，或者随意漫游“真实”的虚拟环境。例如 VR－Platform CAVE 系统，此系统是基于多通道视景同步技术和立体显示技术构建的房间形状投影可视协同环境，立方体投影显示空间中提供至少 3 个面、最大 70 个面，可多人参与，通过借助相应虚拟现实交互设备（如数据手套、位置跟踪器等），可获得一种身临其境的高分辨率三维立体视听影像和六自由度交互感受。由于投影面几乎能够覆盖用户的所有视野，所以 VR－PLATFORM CAVE 系统能提供给使用者一种前所未有的带有震撼性的身临其境的沉浸感受。

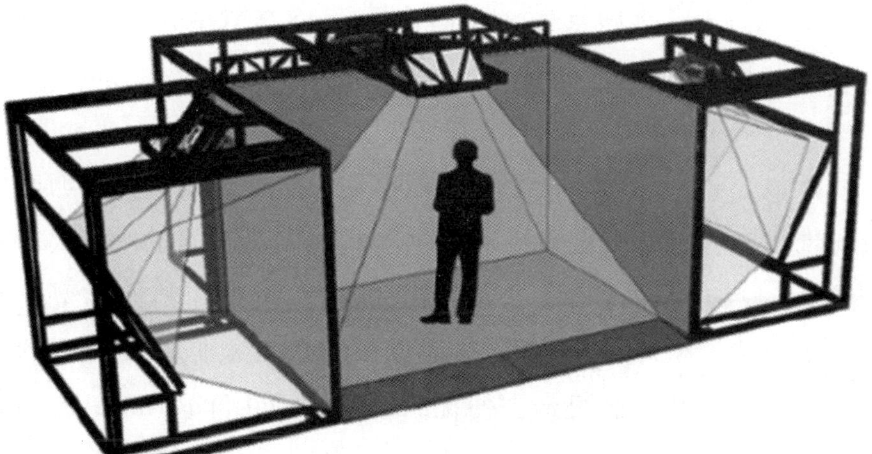

图 3－20　CAVE 投影系统效果图

CAVE 虚拟现实系统的组成部分一般包括高性能图形工作站、投影系统设备、虚拟现实输入设备、3D 立体眼镜、空间位置追踪设备和声音系统设备。高性能图形工作站就是具有很高的计算速度和图形处理能力的计算机。投影系统设备是由多台立体投影机同时工作，分别将图像投射到系统的每一个面上，组成高度覆盖的显示环境。虚拟现实输入设备可以为三维鼠标、虚拟现实手柄和虚拟现实控制器等设备。3D 立体眼镜是为了看到虚拟环境中的三维立体图像，用户需戴上液晶立体眼镜，有些 CAVE 系统可实现裸眼 3D 在不佩戴头显和立体眼镜的情况下也能看到立体图像。空间位置追踪设备是跟踪用户位置和动作的设备，一般包含立体眼镜、数据手套等设备。声音系统设备主要是音箱、声音合成器和实现三维立体声音的声音服务器。

CAVE 虚拟现实显示系统比传统虚拟现实显示系统更加高级，完全沉浸式显示和数据可视化手段可以应用任何有沉浸式需求的专业领域。从 1994 年纽约大学建立起第一套 CAVE 系统以来，CAVE 已经在全球超过 600 所高校、国家科技中心、各研究机构进行了广泛的应用。商业应用：在医疗上有面向医疗的远程诊断等；在建筑上有科技馆、博物馆、多媒体展厅、建筑展示、室内装饰等；在军事上有军事训练、军事教育、作战指挥、武器研制与开发等；在娱乐上有虚拟游戏体验、体验类运动项目、影视类娱乐、虚拟购物消费等。

目前，全球 CAVE 系统头部厂商主要包括 Visbox、CHAIN、ST Engineering Antycip、Mechdyne CAVE 和 VOTANIC 等。国内的 CAVE 系统有中视典的 V-CAVE 投影系统、变形式 CAVE 仿真系统、博诚盛源研发的全新沉浸式 CAVE 裸眼 3D 系统、弘毅视界的可变形式 CAVE 仿真系统等产品。

中视典变形式 CAVE 系统与常规的 CAVE 投影系统不同，如图 3-21 所示。可以根据不同的现实需求通过电机控制实现多角度的工作模式，有 180°高清拼墙模式、135°模拟训练模式、90°完全沉浸式模式和其他异型投影显示模式，兼具高沉浸感 CAVE 系统的全部优点。用户可根据所要表现的内容来自行调整显示方式，系统控制灵活、便捷。系统构成由 VRPlatform 为核心创建虚拟场景，编辑具体功能，计算机渲染系统作为软件系统载体。配合可变形 CAVE 显示系统，光学位置跟踪系统及力反馈系统共同完成仿真交互功能。其他辅助配合音响系统和中控系统共同组成高沉浸感的仿真平台。

图 3 - 21　中视典变形式 CAVE 系统

3.2.3　立体眼镜

立体眼镜又称为 3D 眼镜，也是属于立体显示技术的设备之一，是根据双目视差原理研制的眼镜，利用人左右双眼分别看具有一定水平视差的视频图像，然后在脑海中形成有深度感的立体图像。

双目视差就是人在用单只眼观察事物时，脑海中会自动地对所观察的事物的大小、虚实、位置等信息生成大概的三维空间信息。人用双眼观察同一个事物时，因为人的双眼的位置不同，所以会出现视觉上的差异[43]。这种视差会导致人看待事物形成位置的区别，从而形成双目立体视觉。虚拟现实场景在制作时，一般按照人类平均瞳距用两个摄像角度去拍摄同一人或物，得到左右不同的画面。用户在观看时，戴上 3D 立体眼镜，则可使用户的右眼看到右边的画面，左眼看到左边的画面，这样两只眼镜就看到了不同的画面，达到欺骗眼睛的目的。这样使左右眼分别获得有细微差别的图像，经过大脑计算而生成一幅 3D 立体图像。但是，如果没有佩戴 3D 立体眼镜去看这种 3D 立体影像，不仅不会产生立体感，还会因为双眼看到影像重合导致画面模糊。

3D 立体眼镜按照立体显示技术主要分为四种：色差式、偏光式、时分式以及波分式[44]。色差式立体眼镜也可以叫做互补色 3D 眼镜，色差式技术也叫做分色立体成像技术，主要是利用光的透射原理，用两台不同角度上拍摄的影像分别以两种不同的颜色印制在同一幅画面中。戴上色差式立体眼镜，对拍摄的画面进行色彩过滤，左右两个镜片的颜色不同，只有同种颜色的画面才能通过镜片，从而在大脑中重叠呈现出立体效果。常见的色差式立体眼镜有红蓝、红绿、红青等类型。色差式立体眼镜也是距离现在年代最久远的立体成像眼镜，这一技术的典型代表是 NVIDIA 公司。

偏光式主要是在拍摄立体画面时，使用两台加有偏光镜头的摄像机进行画面拍摄，一个镜头装横偏振片，另一个装纵偏振片，通过两个不同的偏振片拍摄出左右不同的画面。然后只要戴上分别装有横纵偏振片立体眼镜，就能用左右眼看到左右画面产生立体感。目前流行的偏光式显示系统是圆偏振光技术，左右眼对应的为左右旋偏振光，比横纵向偏振光技术干扰更小，观影角度更大。偏光式立体眼镜普遍用于商业影院和其他高端应用。目前发展较好的有三星、索尼、幻视科技等公司。

时分式立体眼镜也可以叫做主动快门式 3D 眼镜，人在观看影像时，会存在视觉暂留，就是虽然影像在不断变化，但大脑还是会对前 0.1 秒左右的影像进行保留。基于这个原理，在利用时分式立体眼镜观看立体影像时，交替显示左右眼画面，显示左眼画面时阻挡右眼的视线，呈现右眼画面时阻挡左眼，两幅画面在脑海中融合成一体，产生立体感。这个技术可以达到较高画面亮度及分辨率，但是造价高，长时间使用会使眼睛感到疲劳，广泛应用于家庭影视中。发展较好的厂商有 Hi-SHOCK、广百思等公司。

波分式主要通过滤波器将波长不同的光源分离成三原色左光和三原色右光两种画面，在观看时戴上波分式立体眼镜区分左右眼画面，通过带通滤光片使两只眼睛之间产生轻微的色差，从而形成立体感，生成全色立体图像。这种波分式技术，其光谱更宽，色彩感强，适合各种影院银幕。这种波分式眼镜需要一种特殊的滤光膜，所以国内比较少见。

目前，市面上主流的 3D 立体眼镜为主动快门式 3D 眼镜，比较热门的 3D 立体眼镜有索尼 TDG-BR250/B、广百思 N03-IR、极米 G102L、Hi-SHOCK 3D 眼镜 C+D3PG 等产品。

C+D3PG 是 Hi-SHOCK 公司的一款投影机快门式 3D 眼镜，如图 3-22

所示。C+D3PG 搭载美国德州仪器（TI）授权的 DLP Link 通信技术，DLP 快门式 3D 眼镜通过画面传导的 DLP Link 脉冲信号完成左右镜片开关之间的切换。传输方式为红外感应，透光率（38±2)%，刷新频率为 144 Hz、产品质量为 40 g，拥有更广的视角范围，兼容所有带有 DLP - Link 功能的 3D 投影机品牌等技术功能。

图 3 - 22　C+D3PG 立体眼镜

3.2.4　裸眼立体显示器

裸眼立体显示器利用人两眼具有视差的特性，在不需要任何辅助设备（如 3D 眼镜、头盔等）的情况下，即可获得具有空间、深度的逼真立体形象的显示系统。裸眼立体显示器一般由立体显示终端、播放软件、制作软件、应用技术四部分组成，是集光学、摄影、电子计算机、自动控制、软件、3D 动画制作等现代高科技于一体的交叉立体显示系统。

裸眼立体显示器与其他显示器相比最主要的优势就是不需要佩戴任何辅助设备，使用户脱离了佩戴式立体设备的束缚，其他类型的立体显示技术想要展示很好的三维影像效果，则需要用户佩戴相应的设备，如 3D 眼镜，VR 头显等，长时间使用除了因为设备的佩戴导致的不舒适之外，还有可能导致头晕、恶心等一些 VR 眩晕症状，因此在许多场合并不合适。裸眼立体显示能与其他的二维显示器相互兼容，更加方便，观看体验更好，有着更加宽广的发展前景，不过同时因为技术不是很成熟，有着串扰、观察位置固定等问题面临着更多的挑战。

裸眼立体显示技术可以根据原理不同分为三类[45]：双目视差显示技术、体三维显示技术、全息显示技术。

双目视差型显示技术是目前最成熟的裸眼立体显示技术，其利用光栅、透镜阵列或微透镜阵列等分光设备，使观察者左右眼接收到立体事物不同视角的二维图像，形成双目视差，通过人眼的立体视觉融合成三维视觉，且无需佩戴辅助设备。这个技术的最大缺点就是偏离最佳观看视角，会造成串扰问题。目前，采用双目视差显示技术的裸眼立体显示器产品有很多种，例如裸眼 3D 广告机、裸眼 3D 计算机、LED 裸眼 3D 显示器等。

体三维显示技术（图 3－23）是一种真实空间成像的立体显示方法，他利用人眼视觉暂留原理，在真实空间中构造出一系列发光体素点，由发光体素点构成三维图像，类似于将二维显示器扩展为三维。有基于固体或气体介质的体三维显示技术，控制光束激发介质内的物质形成光体素点，组成体素阵列形成三维景象；还有就是利用特殊形状的屏幕快速平移或旋转，形成一个成像空间，将二维图像制造成一个具有深度感的三维景象，经过人眼视觉暂留看到立体景象[46]。体三维显示技术具有较高的分辨率、全视景、多人同时观察以及较好的观察效果。目前裸眼立体显示多采用体三维显示技术的产品主要有汽车产品、文物产品影像构建。

图 3－23　德国 Felix 体三维显示系统

全息显示技术也称虚拟成像技术，如图 3－24 中的全息显示技术展示，原理主要是利用干涉原理将物体发出的全部光线信息都记录成全息图，包括相位与振幅等信息，然后利用衍射原理从全息图中复现物体的全部信息。这种技术的立体显示器具有与原事物完整一致的立体影像，是一种理想的立体显示体，但是对硬件、技术等都有很高的要求，全息投影技术也经常应用舞台表演、展览展示等商用活动中。

图 3－24　阿凡达电影中的全息投影

目前市面上的主流裸眼 3D 显示器是大多利用光栅、透镜等设备形成双目视差的显示器。例如上海易维视科技的裸眼 3D 显示电视机、中视典的超多维（SuperD）HDL－46 立体显示器等产品。

3.2.5　增强现实头盔

增强现实是通过计算机技术，将虚拟的信息数据应用到真实世界，现实环境与虚拟物体实时地叠加到了同一个画面或空间同时存在，虚拟信息和现实信息互为补充，从而实现对真实世界的“增强”。增强现实头盔是增强现实

(AR) 与头戴显示器 (HWD) 结合在一起，是一种将计算机图形 (CG) 嵌入用户的环境视图中的技术，非常适合向佩戴者提供关于真实世界的视觉信息[47]。与虚拟现实头显强调虚拟环境的真实感相比，增强现实头显就是以现实世界的实体为主体，借助数字技术帮助消费者更好地探索现实世界。

AR 头盔显示器一般分为视频透视式头盔显示器和光学透视式头盔显示器[48]。视频透视式 AR 头显是把用户完全与真实环境分隔开来，通过头盔上的视频影像来间接地感知现实场景。基本原理是将头盔上集成摄像头采集外部视频信号与虚拟物体相互叠加融合，再转换成虚拟融合现实的视频数据，输出到头盔显示屏内，让用户观看到虚实融合的混合环境。视频透视式头显具有虚实融合效果好、实现简单、成本低、影像同步性好的优点，也有着视野范围小、数据处理延迟较大等问题。

光学透视式 AR 头显是指用户透过透明镜片看到真实环境，再通过反射或投影设备等装置把虚拟物体的影像叠加上去成像于人眼，从而达到增强现实的效果。光学透视式头显因为能够直接看到现实世界，所以具有视野宽阔、舒适性较高的特点。但由于光学透视式的虚拟物体影像是直接投影到用户的眼睛，虚拟物体一般只能直接叠加到真实物体上面，所以会存在遮挡，绘制或更新速度慢导致画面不同步等问题。

近些年，在 VR 设备技术发展的基础上，AR 设备的开发也非常火热。目前，已有不少厂商推出消费级的 AR 头显设备。市面上主流的 AR 头显设备基本上是光学透视式 AR 头显，例如有 Microsoft HoloLens 系列头显、Magic Leap 的 Magic Leap One、Google 的 Google Glass、Rokid 的 ROKID X - CRAFT 等产品。

Microsoft Hololens 2 是微软 2019 年发布的 HoloLens 第二代产品。外观为黑色机身，由碳纤维制成，质量为 566 g，设计更加舒适，带有额外的衬垫，如图 3 - 25 所示。采用透明全息透镜 (波导)，分辨率为 2k 光引擎，内置有骁龙 850 处理器，提供 2～3 h 的电池续航。提供手部追踪、眼部追踪、语音命令、空间映射、混合现实捕捉、6DoF 追踪、虹膜识别等功能，支持 Wi - Fi、蓝牙连接，具有丰富应用生态系统等服务。

ROKID X - CRAFT 是由国产企业 Rokid 研制的一款 5G 工业防爆 AR 头盔，是全球首款搭载 5G 模组的防爆 AR 智能头盔，如图 3 - 26 所示，可与标

图 3-25 Microsoft Hololens 2

准安全帽完美适配，具备防爆、防尘、防水等特点，是利用 AI、AR 等新科技提升人员生产力水平的智能化平台，也是当前全球领先的 5G 工业级 AR 产品。内置 Amlogic A311D 芯片，基于 Yoda OS - XR 操作系统（自研 AR 操作系统），采用双目衍射光波导显示技术，拥有 40 度 FOV 视角，支持语音和旋钮双重交互等功能。

图 3-26 ROKID X-CRAFT

第 4 章　虚拟现实系统开发实例——VR 坦克大战游戏开发

本章以一个实际的游戏开发实例——VR 坦克大战，介绍开发一个虚拟现实系统的全流程及相关的操作思路。

4.1　开发思路

在开发某一虚拟现实系统之前，首先要对需求进行分析。本项目是要实现一个多人联网的坦克对战游戏，游戏全貌如图 4-1 所示。玩家可以通过不同的计算机操控自己的坦克进入同一个场景地图进行联网对战，并可记录成绩。

图 4-1　坦克大战示意图

首先要考虑选择开发工具，可对不同开发工具进行组合。其次是建模工具，本书选择 3D MAX 进行场景资源的准备；然后是系统开发引擎，一种方式是从头开始进行代码的编写；另一种方式是借助成熟的虚拟现实开发引擎进行开发。本书选择使用流行的虚拟现实开发引擎 Unity 3D 进行开发。主要通过插件（Play Maker，Caver AI），封装简单几十行代码就可开发出来。因为是示范教学应用，相关场景资源主要通过网络资源得到。

4.2　资源与素材准备

根据需求可分析出，本游戏需要有一个简单的场景，如坦克三维模型、坦克射击效果、音响等，这些资源因为是教学应用，可来源于网络，但须注意版权，也可自行使用建模工具进行设计。

4.3　修改环境光与背景色

首先进行环境设置，如图 4 - 2～图 4 - 3 所示。

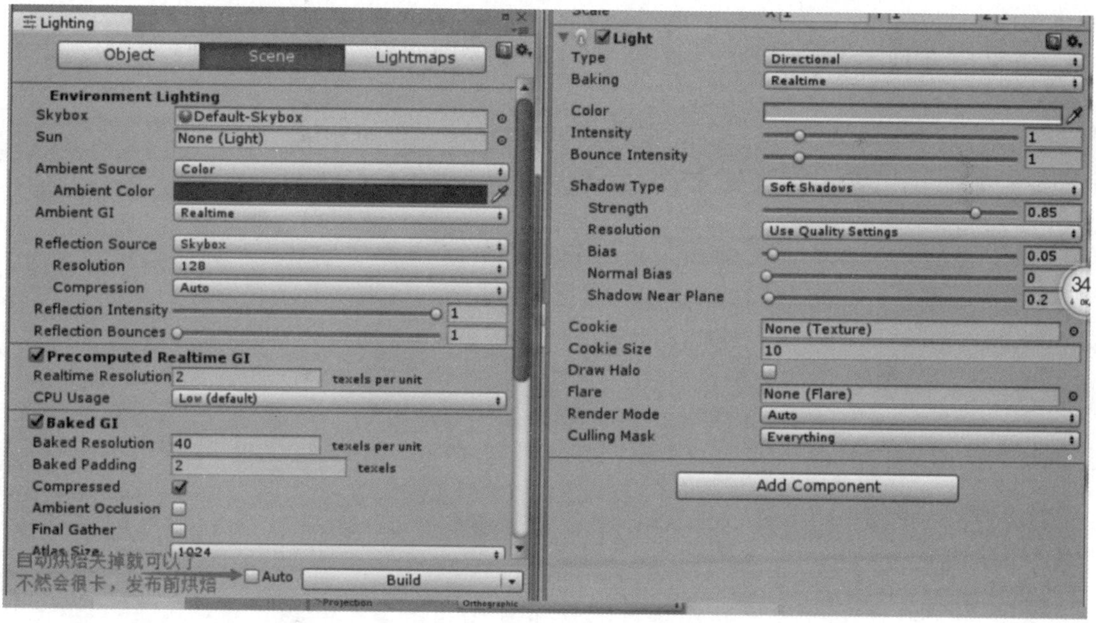

图 4 - 2　环境设置

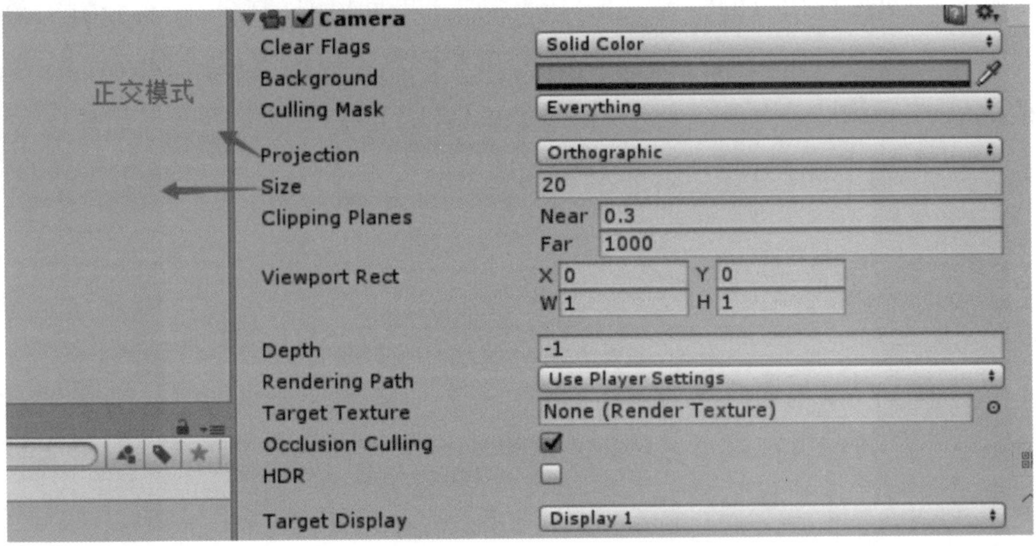

图 4-3　相机设置

4.4　设置 Tank 游戏对象

设置碰撞器，添加刚体，让坦克能够在地面行走、旋转，代码如下。

```
using UnityEngine;
using System. Collections;
//控制坦克移动

public class Tank_Move : MonoBehaviour {

    private Rigidbody r;
    private float speed = 5f;
    void Start () {
        r= GetComponent<Rigidbody>();
    }



    void Update () {
```

```
        float h = Input.GetAxis("Horizontal");
        float v = Input.GetAxis("Vertical");
        // 控制前后移动
        r.velocity = transform.forward * v * speed;
        // 控制左右旋转
        r.angularVelocity = transform.up * h * angularSpeed;
    }
}
```

4.5　设置不同的控制模式

设置一个标志位，来判断坦克是否为角色控制坦克，如图 4 - 4～图 4 - 5 所示。

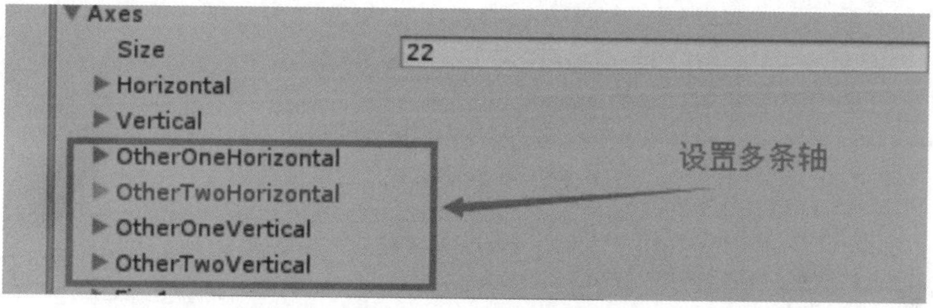

图 4 - 4　控制模式

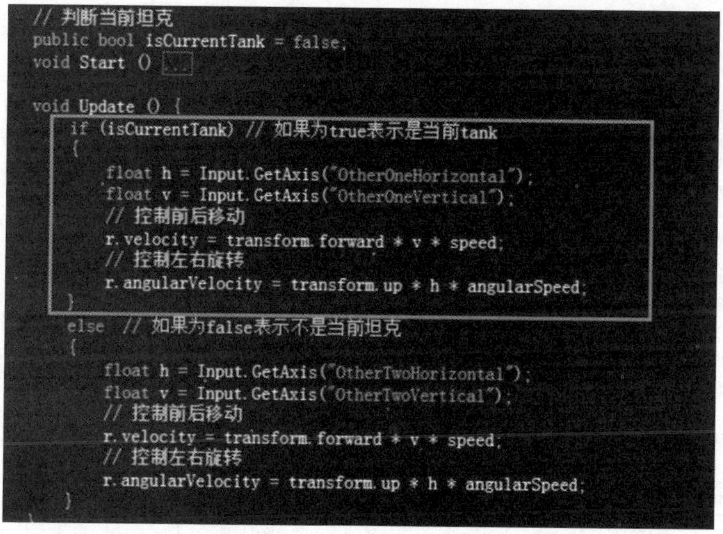

图 4 - 5　控制标志位

4.6 子弹预制与实例化

预制子弹，并实例化，如图 4 - 6 所示。

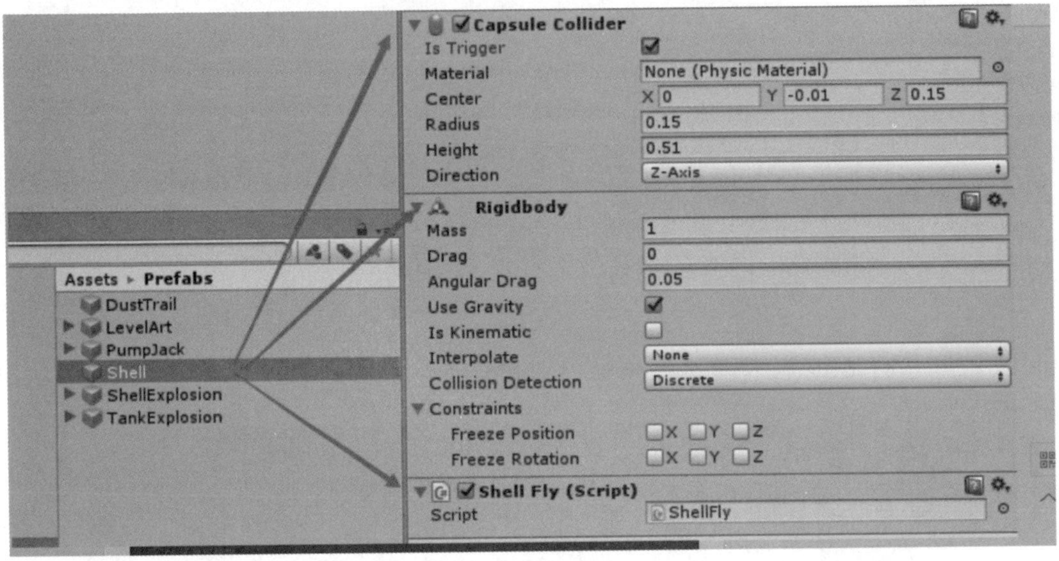

图 4 - 6 实例化

```
using UnityEngine;
using System. Collections;
// tank 攻击脚本

public class AttackOtherTank : MonoBehaviour {
    // 实例化子弹的位置
    public Transform shellPos;
    // 子弹预制物
    public GameObject shellPrefabs;
    // 子弹身上的刚体
    public Rigidbody shell_rigidbody;
    // 子弹的速度
    public float shellSpeed = 10f;
```

```
    void Update () {
        if (Input. GetMouseButtonDown(0))
        {
            GameObject shell =
Instantiate(shellPrefabs,shellPos. position,shellPos.rotation) as GameObject;
            shell_rigidbody = shell. GetComponent<Rigidbody>();
            shell_rigidbody. velocity = shell. transform. forward * shellSpeed;
        }
    }
}
```

4.7　关于特效的制作

子弹的特效在触发器方法中写，当检测到碰撞的时候，得到碰撞的点，并实例化爆炸效果。

```
using UnityEngine;
using System. Collections;
//子弹预制物体挂载的脚本

public class ShellFly : MonoBehaviour {
    // 子弹特效
    public GameObject shellEffc;

    void OnTriggerEnter(Collider other)
    {
        GameObject go = Instantiate(shellEffc, transform. position, transform.
rotation) as GameObject;
        Destroy(go,1. 5f);
```

```
        Destroy(this. gameObject,1. 5f);
        if (other. tag = = "Tank")
        {
            other. SendMessage("TankDamege");
        }
    }
}
```

在攻击脚本中实现坦克减血方法，判断坦克血量，实例化坦克爆炸效果。

```
using UnityEngine;
using System. Collections;
//子弹攻击脚本

public class AttackOtherTank : MonoBehaviour {
    // 实例化子弹的位置
    public Transform shellPos;
    // 子弹预制物
    public GameObject shellPrefabs;
    // 子弹身上的刚体
    public Rigidbody shell_rigidbody;
    // 子弹的速度
    public float shellSpeed = 10f;

    public int hp = 100;
    public GameObject TankDied;



    void Update () {
        if (Input. GetMouseButtonDown(0))
        {
```

```
            GameObject shell =
Instantiate(shellPrefabs,shellPos.position,shellPos.rotation) as GameObject;
            shell_rigidbody = shell.GetComponent<Rigidbody>();
            shell_rigidbody.velocity = shell.transform.forward * shellSpeed;
        }
    }

    void TankDamege()
    {
        if (hp <= 0)
        {
            return;
        }
        else
        {
            hp -= Random.Range(10, 20);
        }

        if (hp <= 0)
        {
            //播放死亡动画效果
             Instantiate(TankDied, transform.position + Vector3.up, transform.
rotation);
            Destroy(this.gameObject);
        }
    }
}
```

4.8 控制视野操作

差值 = 摄像机 − 两个坦克的位置平均值，摄像机位置 = 位置平均值+差值。也就是说每次的位置平均值不一样。

```
using UnityEngine;
using System. Collections;

public class FlowerTank : MonoBehaviour {

    public Transform tank1;
    public Transform tank2;
    // 保存摄像机与坦克之间的距离
    private Vector3 offset;
    private Camera CurrentCarema;
    void Start() {
        offset = transform. position - (tank1. position + tank2. position) / 2;
        CurrentCarema= this. GetComponent<Camera>();
    }

    void Update() {
        if (tank1 ! = null || tank2 ! = null)
        {
            transform. position = (tank1. position + tank2. position) / 2 + offset;
            float distance= Vector3. Distance(tank1. position, tank2.position);
            float size = distance * 0. 8f;
            CurrentCarema. orthographicSize = size;
        }
        else
```

```
            {
                return;
            }
        }
}
```

4.9　播放坦克移动音效以及其他音效

```
using UnityEngine;
using System.Collections;
//控制坦克移动

public class Tank_Move : MonoBehaviour {

    private Rigidbody r;
    private float speed = 5f;
    private float angularSpeed = 10f;
    // 判断当前坦克
    public bool isCurrentTank = true;
    public AudioClip idle;
    public AudioClip Run;
    public AudioSource tankSound;
    void Start () {
        r= GetComponent<Rigidbody>();
    }

    void Update () {
        if (isCurrentTank) // 如果为 true,表示是当前坦克
        {
```

```
        float h = Input.GetAxis("OtherOneHorizontal");
        float v = Input.GetAxis("OtherOneVertical");
        // 控制前后移动
        r.velocity = transform.forward * v * speed;
        // 控制左右旋转
        r.angularVelocity = transform.up * h * angularSpeed;
        if (Mathf.Abs(h) > 0.1 || Mathf.Abs(v) > 0.1)
        {
            if (tankSound.isPlaying == false)
            {
                PlayTankSound(Run);
            }
        }
        else
        {
            if (tankSound.isPlaying == false)
            {
                PlayTankSound(idle);
            }
        }
    }
    else  // 如果为 false,表示不是当前坦克
    {
        float h = Input.GetAxis("OtherTwoHorizontal");
        float v = Input.GetAxis("OtherTwoVertical");
        // 控制前后移动
        r.velocity = transform.forward * v * speed;
        // 控制左右旋转
        r.angularVelocity = transform.up * h * angularSpeed;
```

```
            if (Mathf. Abs(h) > 0. 1 || Mathf. Abs(v) > 0. 1)
            {
                    if (tankSound. isPlaying = = false)
                    {
                        PlayTankSound(Run);
                    }
                }
                else
                {
                    if (tankSound. isPlaying = = false)
                    {
                        PlayTankSound(idle);
                    }
                }
            }
    }
    //根据片段播放声音
    void PlayTankSound(AudioClip clip)
    {
        tankSound. clip = clip;
        tankSound. Play();
    }
}
```

4.10　设置血条

通过 UGUI 的 Slider 进行设置血条。修改画布为世界坐标，移动至坦克下面修改位置就可以了，如图 4 - 7 所示。

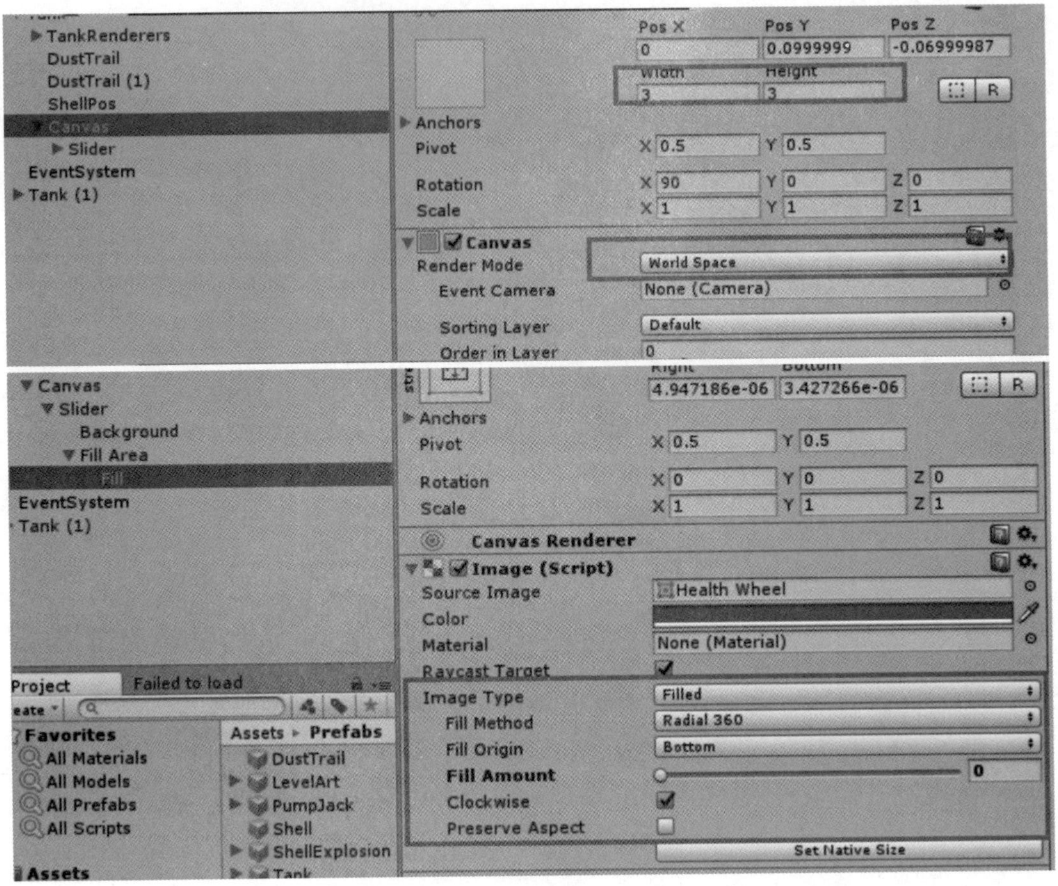
TankRenderers
DustTrail
DustTrail (1)
ShellPos
Canvas
Slider
EventSystem
Tank (1)
Pos X
Pos Y
Pos Z
0
0.0999999
-0.06999987
Width
Height
3
3
Anchors
Pivot
Rotation
Scale
Canvas
Render Mode
World Space
Event Camera
None (Camera)
Sorting Layer
Default
Order in Layer
Background
Fill Area
Fill
4.947186e-06
3.427266e-06
Canvas Renderer
Image (Script)
Source Image
Health Wheel
Color
Material
None (Material)
Raycast Target
Image Type
Filled
Fill Method
Radial 360
Fill Origin
Bottom
Fill Amount
Clockwise
Preserve Aspect
Set Native Size
Project
Failed to load
Favorites
All Materials
All Models
All Prefabs
All Scripts
Assets
Assets ▸ Prefabs
DustTrail
LevelArt
PumpJack
Shell
ShellExplosion

图 4－7　设置血条

第5章　虚拟现实技术应用实例——数字图书馆

5.1　虚拟现实技术在数字图书馆中的应用可行性

在数字图书馆中，虚拟现实技术被广泛应用，在建立“三网”融合与物联网建设体系中确保网络与传感设备应用支持到位。其中，VR 技术就与 RFID 技术相互融合。

就数字图书馆而言，他们希望运用到增强虚拟现实技术系统，由此构建相对完整的知识定位系统，面向未来互联网发展机制分析信息模块技术模式，如此确保该技术被广泛应用于社会文化与大众媒介中，确保图书馆中公众信息传播技术应用到位，这也是传统图书馆在信息时代的一种有效延伸（图 5－1）。当然，为了发展数字图书馆，还必须解决信息孤岛问题，利用信息处理技术获取并组织优化信息服务内容，确保数字图书馆中大型业务处理系统能够被有效开发，彻底改善信息服务技术方式，不断提高数字图书馆的社会影响力，如此对于加快数字图书馆发展建设作用较大，体现了虚拟现实技术在数字图书馆中的应用可行性。当然，虚拟现实技术也能被更好地应用于数字图书馆的资源建设过程中，保证各种公共信息管理与数据传播过程有效优化，体现数字图书馆的现实社会服务属性。在利用新型信息资源组织与信息传播服务技术内容过程中实现对传统图书馆资源组织模式的有效突破。在借助计算机网络与虚拟现实技术创建图书馆中知识分类与精准检索技术手段的过程中，也基本实现了对于数据信息的有效整序，确保配置 VR 技术运行环境与实际服务环境基本一致，满足数字化资源与用户、图书馆管理人员的亲密接触。例如 VR 数字手套就是如此，它在指引用户翻阅图书馆古籍善本过程中就利用 VR 系统创建三维虚拟物体，这其中就包括一维符号、二维表格图片以及三维立体信息，真正追求并实现了数字图书馆的馆藏内容立体化服务。

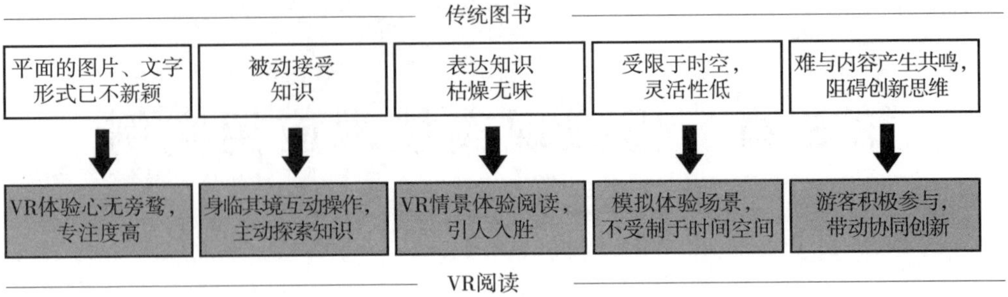

图 5－1　VR 虚拟现实技术图书馆基本功能示意图

5.2　虚拟现实技术在数字图书馆中的应用实践要点

虚拟现实技术目前已经被广泛应用于数字图书馆中，其实践技术应用要点大体有三：虚拟空间中的技术应用、信息资源建设的技术应用以及信息检索、参考咨询的技术应用。下文就结合这三点技术实践要点展开详细分析[3]。

5.2.1　虚拟空间中的虚拟现实技术应用

数字图书馆希望利用虚拟现实技术创建虚拟空间，其中就包括经典的 VRML 图书馆虚拟空间设计。所谓 VRML（Virtual Reality Modeling Language)，即虚拟现实建模语言。该语言不同于传统的 HTML 语言，它所描述的并非是 2D 的 Web Page 格式内容，而是 3D 环境下的基础目标布局，结合数字化信息技术内容创建虚拟现实世界，基于技术交叉点内容分析虚拟现实建模语言，形成 VRML。所以说，VRML 技术也是目前数字图书馆创建虚拟空间中所运用到的最有效、最快捷的软件实现技术方法。

具体来讲，在数字图书馆中所创建的虚拟空间交互环境中，主要通过多领域技术分析来实现虚拟服务。

如图 5－2 所示，VRML 技术所提供的交互动画全由事件驱动完成，分别是从路由语句传输事件数据功能、外部程序接口写入直接事件数据功能。

在数字图书馆的虚拟空间设计过程中，利用 VRML 技术就能创建软件瀑布开发模型，其中还能衍生出渐进式开发模型，这里着重分析软件瀑布开发模型。为高效率且快速创建数字图书馆中的逼真三维立体图，形成图书馆虚拟场

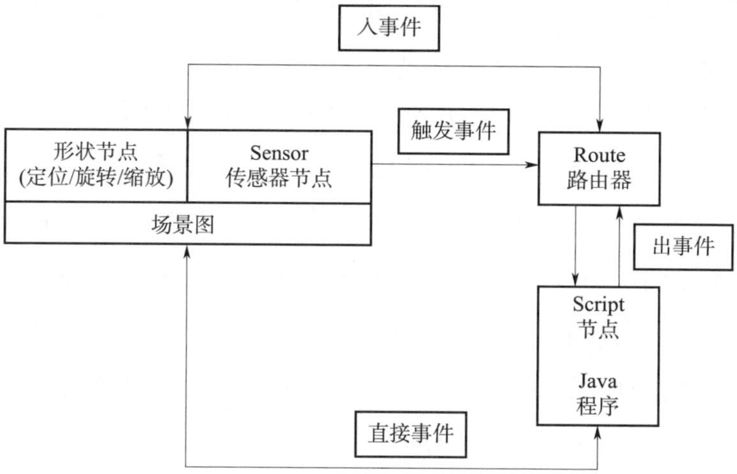

图 5 - 2　VRML 技术的基本工作原理示意图

景，还需要利用软件瀑布开发模型。在利用 VRML 技术中的软件瀑布开发模型时，需要保证计算机实现视觉为主的全方位交互机制，确保读者能够利用数字图书馆这一智能化工具来设计虚拟场景，遵循软件瀑布开发模型开发技术理念，其中就包括详细设计和编程设计等设计项目。在软件瀑布开发模型设计开发过程中，主要运用了计算机建模语言 VRML 的 VRMLPad 开发工具设计编码，集成测试机制展开图书馆虚拟空间的综合测试过程，在调试数据过程中解决错误问题，满足虚拟空间中的某些新增功能开发过程。

在数字图书馆中，VRML 主要被运用于二维平面图像（图书馆地图指示）以及三维场景建模（图书检索）服务体系中，确保为数字图书馆创建虚拟场景，让读者用户更加直观、清晰地认识馆内虚拟空间，进而产生一种线上浏览图书馆服务就有身临其境的临场感。就功能模块体现来讲，数字图书馆中就包括 VRML 技术支持下的网上馆舍漫游模块、自助服务模块等，如此可确保读者用户通过更多方式享受来自数字图书馆的各种服务项目，使阅读浏览体验更加畅快。

5.2.2　信息资源建设的虚拟技术应用

目前国内许多数字图书馆正在大力开展信息资源建设，这其中也运用了虚拟现实技术，追求实现可视化三维资源信息建设，有效促进数字图书馆服务方式多元化发展。在将传统图书馆中许多珍贵馆藏发扬光大的过程中，信息资源建设体系就变得格外重要，例如数字图书馆就专门为古籍善本创建了三维建模，确保传统纸本资料不会被物理化学环境所破坏，转化为电子版本继续保存，这也在一定程度上解决了传统图书馆中古籍善本无法对外借阅、无法实现充分利用的尴尬境遇。具体来讲，在数字图书馆中就利用到了 VR 三维建模功能，实现馆藏资源三维数字化。而读者用户就能通过互联网配合 APP 软件随时随地翻阅古籍善本，查阅自己所需要的各种宝贵资料。另外，数字图书馆也会建设"虚拟现实读者站"，为读者用户提供图书书函操作系统，确保读者用户能够通过电子翻书设备，并根据数字图书馆的实际情况配置而定，保证虚拟现实技术能够深度丰富数字图书馆的信息资源内涵[4]。

当然，在利用虚拟现实技术对数字图书馆中的三维信息资源空间进行建设过程中，也希望利用到 CADAL 项目，配合 VRML 技术语言来实现对馆藏信息资源的三维建模建设，降低数字化服务难度。比如说某数字图书馆中拥有珍贵的甲骨拓片，为实现其在二维图像下的大量不同角度转换（如三维自由转换），以供读者用户自由全方位观赏，某图书馆就启动了虚拟现实技术支持下的 CADAL 项目，利用 CADAL 阅览器来实现对于甲骨拓片书函的有效转化，设计三维立体书架，开启虚拟空间漫游功能，设计虚拟现实图书馆自动排架系统，建立图书馆数据库数据增长模型，进而实现对图书信息的快速完整同步，体现电子资源阅览服务功能有效优化过程。考虑到 CADAL 项目的桌面 VR 系统属性，它也能被应用于数字图书馆的其他硬件设备接口中，创建 CADAL 纯软件 VR 技术分析机制，确保数字图书馆虚拟服务功能与虚拟资源空间多元化发展建设。

5.2.3 信息检索与参考咨询模块的虚拟技术应用

在应用这一虚拟现实技术过程中，必须保证数字图书馆可以构建良好的信息检索模块，确保信息可视化技术应用有效实现。简言之，要将数据集中抽象表达出来，并形成语义关系有效转化和展示。在信息检索可视化操作过程中，主要结合可视化信息展示与检索过程来建立信息检索与信息组织方式之间的相关关系，保证基于信息检索层面展开良好的信息组织优化优势，确保在信息检索功能模块中构建相关技术体系，优化相关功能内容。就目前看来，结合数字图书馆分析虚拟现实技术应用过程，确保提问查询与浏览信息检索机制优化相适应，确保结合信息查找分析相关技术手段，优化相关优缺点内容，做到对于技术内容的优化补充过程。在结合提问查询与浏览过程中分析信息检索功能，进而实现对信息检索可视化环境的有效调整，保证创建三种技术模式，具体如下：首先第一种应该是 QB（Query Searching and Browsing）模式，在这一模式中需要结合信息检索系统创建信息管理过程，优化检索技术模式，获得检索结果有效可视化操作调整；其次第二种是 BQ（Browsing and Query Searching）模式，结合这一模式可以创建良好的可视化信息集合技术体系，保证用户应用信息检索结果方面游刃有余；最后第三种属于浏览为主的 BQ 模式，该模式在满足用户上述两种要求方面的表现非常出色。

在充分运用虚拟现实技术中的可视化过程中，数字图书馆也可以打造 OPAC（Online Public Access Catalogue）技术服务体系，如此可以帮助用户在信息检索过程中任意搜索各种图书馆馆藏资源，同时在针对读者用户进行服务过程中，需要保证过滤功能模块发挥出色，结合隐藏图书书目相关信息内容分析其知识体系与信息特征构建过程，这对于提高读者用户的整体信息检索效率帮助较大。在结合可视化多维度视图内容分析语义层面需要结合用户决策有效优化，保证能够从知识层面优化管理技术内容，保证信息与知识内在联系有效优化，保证信息检索查全率与查准率有效提升。在配合可视化技术对 OPAC 内容进行分析过程中，需要结合整体检索过程保证传统信息检索技术有效应用，有效提高人机对话与交互环境建设到位，确保用户认知能力融入信息检索过程，确保虚拟现实技术的高度一致性有效体现，如此对于数字图书馆信息检索可视化技术应用非常有利。

在数字图书馆中，基于虚拟现实技术设计的咨询模块也会面向读者用户提供丰富多元的服务功能内容，在深度分析模块相关过程中需要结合咨询过程分析用户交互内容，确保读者用户能够在图书馆过程中分析相关问题，建立虚拟现实技术背景下的多媒体技术应用条件，这其中就包括人工智能 AI 技术、分布技术等诸多技术内容。在确保体验特征分析到位过程中，需要保证数字图书馆参考咨询服务模块有效调整，满足数字图书馆服务创新到位，结合虚拟现实技术保证数字图书馆参考咨询应用技术有效应用到位。它使得数字图书馆深受软硬件、网络条件的限制。就目前阶段而言，数字图书馆中可以开展基于虚拟现实技术的可视化虚拟互动技术内容，结合虚拟空间会议分析相关应用内容，确保数字图书馆参考咨询过程建立可视化技术内容，尝试可视化数字参考咨询到位，例如像美国俄亥俄州立大学中就专门设计了虚拟空间会议系统，其系统技术应用主要结合数字图书馆参考咨询可视化内容分析数字参考咨询内容，保证创建食品参考咨询系统 VIRS（Video IM Reference System）。这一参考咨询系统提供 AOL Instant Messenger、Yahoo Messenger、MSN Messenger 三种即时通信参考咨询方式。总体来讲，就是结合馆内免费电话系统创建“Skype a Librarian”，结合视频即时通信技术方式来咨询提问内容，确保技术应用服务内容到位。而在美国亚利桑那州立大学中，则需要在大学数字图书馆中建立视频博客服务系统，确保结合图书查询、图书馆开展过程中展示短视频内容，确保数字图书馆应用服务优化到位，满足咨询服务技术要求。而在国内，像上海交通大学图书馆中就配合 Email 以及 QQ 视频相互结合方式提供多元化、多模块参考咨询服务，保证与多个大学建立相互合作关系，确保图书馆宣传过程分析相关视频内容，满足大学中数字图书馆服务的全面升级与优化过程[5]。

在数字图书馆中，也会采用随机进入式教育策略，展开图书馆教育过程，更好服务读者用户。这种策略充分考虑到图书馆数字化教育环境中所涉及事物的复杂性与多面性，实现了对知识表征的有效呈现，擅长从不同侧面以不同理解方式来考虑理解问题。基于虚拟现实技术的随机进入式实验远程教育过程中，主要包括教育主题确立、创设不同研究侧面、构建实验学习主题的多维虚拟情境，然后让读者用户在情境中自主探索，以获得自己中意的学习途径，从而实现最终互动学习交流评价。

基于图 5－3 的虚拟现实远程实验教育服务策略模型，本文给出具体的教学流程，如下：

创设虚拟情境，启发引导过程→明确实验目标→锁定实验内容→展开自主学习，独立探索过程→实现交流及协作学习→自我评价及反思。

整个教育服务过程是基于真实人物情境驱动而成的，它能够促进学习者主动参与学习的能力，也能满足远程实验教学所需要的学生自主实践要求，提高学习者自我参与程度，鼓励他们更加客观地看待学习成果和自身经验，从而最终学会如何学习。这里同时也采用了 VRML 虚拟实验系统要在远程教育服务系统的基础之上来构建，它应该将实验教学内容、设备、教师指导内容、学生操作、评价考核机制有机融合进去并最终集成形成实验机制。如此对于更好地

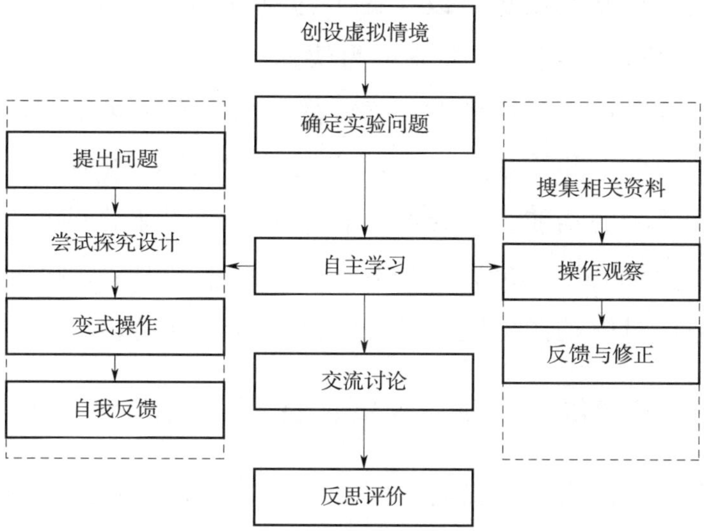

图 5－3　基于虚拟现实技术的远程实验教育策略模型

利用数字化虚拟技术服务大众是非常有帮助的，非常值得学习借鉴与实践引用。

5.3　数字图书馆建设中的虚拟现实技术应用前景和方向分析

5.3.1　依托 5G 网络，打造智慧型 VR 服务

当前，我国 5G 网络布局速度正在加快，5G 网络的应用也越来越广泛。图书馆在虚拟现实技术支撑下，依托 5G 网络的优越性能可以构建智慧型 VR 服务。首先，图书馆依托 5G 技术可以实现智能化、高效率的信息知识服务。当前，用户对图书信息知识的获取速度和质量有了更高要求，迫切希望图书馆可以提供便捷快速的知识检索、阅读等功能。图书馆依托 5G 网络布局，可进一步扩大信息知识获取的方式和途径，提高获取的效率和质量，更为重要的是，5G 网络的高速率可以帮助图书馆 VR 馆快速整合海量信息知识数据，打造全面、逼真、生动的“沉浸式全感官数据”，使知识检索、阅读体验更加高效。

其次，图书馆依托 5G 技术可以打造跨终端、多场景 VR 服务。一方面，在 5G 网络布局下采用主流网络数据传输协议和通用型数据传输接口的 VR 馆客户端，VR 图书馆可以实现终端迁移，读者在 PC 端、移动智能终端等电子

设备上即可体验 VR 阅读服务，以及虚拟仿真立体图书馆，而无需到图书馆；另一方面，5G 网络可以使 VR 服务更为快速、稳定地传输信息，不论在图书馆还是在家里，或者在公共环境里，读者都可以实现多场景 VR 服务的快速切换，并保证服务的效率和质量；再次，依托 5G 网络，图书馆将进一步凸显自身在智慧城市建设中的功能。随着各地智慧城市建设工作的推进，图书馆 VR 服务借助 5G 网络可以进一步提高软件和硬件智慧化水平，提升图书馆的服务质量和管理效率，对推动图书馆服务升级具有重要意义。

5.3.2 融合人工智能，打造“VR＋AI 图书馆”

当前，已有不少图书馆尝试将 VR 或 AI 技术应用到读者服务中，但很少有图书馆将 VR 和 AI 融合起来开展相关应用，究其原因在于图书馆对二者融合应用的思路还不够清晰。未来，图书馆完全可以尝试将 VR 和 AI 进行融合应用，打造“VR＋AI 图书馆”。“VR＋AI 图书馆”需要图书馆灵活掌握两项技术的优势，在服务中相互配合。一方面，图书馆利用 VR 技术可实现阅读服务的实物模拟，配合 3D 技术打造虚拟的“现实图书馆”，向读者呈现图书馆的外在形象和特点，将数字图书馆“表”的要素展示出来；另一方面，图书馆利用 AI 技术可探寻虚拟图书馆各个要素的联系，进而智能分析读者的阅读需求和思维，使虚拟图书馆实现人性化和智慧化。

在这个过程中，AI 技术成为读者联系虚拟世界各个阅读要素的桥梁，实现对各个要素的关联，将数字图书馆“里”的要素展示出来。通过“VR＋AI 图书馆”的架构思路，数字图书馆可实现“表里结合”：一方面，虚拟现实技术使图书馆各个功能要素变得更加生动形象；另一方面，人工智能技术使图书馆各个要素变得智慧灵动，二者的完美融合使数字图书馆在服务上既能体现科技优势，又能贴合读者需求。

5.3.3 结合 AR 技术，打造新一代管理系统

增强现实（Augmented Reality，AR）是一种实时计算摄影机影像位置及角度并加上相应图像的技术，是一种将真实世界信息和虚拟世界信息“无缝”集成的新技术，这种技术的目标是在屏幕上把虚拟世界套在现实世界并进行互动。

由于 AR 技术可以充分展示虚拟信息，因此，图书馆可以将其与 VR 技术相结合，设计出符合数字图书馆管理需求和要求的新一代管理系统。该系统架构设计以终端设备、应用层、服务层、数据层和物理层等内容为主，其中终端设备包括 AR 智能眼镜、VR 头盔、智能手机等，应用层则主要包含各种业务内容，服务层包含认证服务、数据库服务、支付服务等；数据层主要用于数据传输、分析；物理层以物理保障为目标，确保感知功能、网络功能和服务器有效运作。在系统架构设计科学、全面的基础上，图书馆结合 AR 技术打造的新一代管理系统可以兼具智能管理、VR 全景漫游、虚拟社群、智能门禁、自助借还等功能。

其中，智能管理可实现智能检索和导航，VR 全景漫游可实现图书馆资源全景体验，虚拟社群可提供视频、语音系列体验，AR 图书可对珍贵或特定的书籍进行技术处理从而提升阅读效果，传统功能即为图书馆的传统功能模块。结合 AR 技术打造的新一代管理系统不仅融合了新技术，也融合了新理念，符合读者未来的阅读需求以及图书馆未来智慧化发展方向，值得图书馆人进行深入探索和实践。

5.4　虚拟现实技术在数字图书馆中的应用方案

5.4.1　构建数字图书馆虚拟空间

优化虚拟现实技术在数字图书馆中的应用方案，提高数字图书馆服务质量。首先，应充分利用虚拟现实技术，通过三网融合构建良好的虚拟空间。“三网融合”指互联网与广电网、电信网的有机融合，有助于促进网络建设发展，实现网络资源整合，延伸网络空间。其次，应在虚拟空间内搭建完善的三维模型，将书籍信息以图、文、声等不同方式纳入模型中，为读者提供虚实结合的阅读体验。例如，为关于唐朝大明宫的图书搭建三维模型，读者在阅读该数字图书的同时可跟随模型中的图画展览、声音讲解、文字解释、视频游览盛唐时期的大明宫，与各种景物进行交互，与讲解教师进行交流。读者也可以自由选择一个古代角色进入大明宫，例如，以皇帝、嫔妃、宫女、官员、唐代著名诗人的身份进入虚拟化大明宫，触摸宫里的饰物，在大明宫题诗等，可增添阅读体验乐趣。

5.4.2 优化数字图书资源建设结构

为提高虚拟现实技术在数字图书馆中的应用效果，满足广大读者对数字图书的阅读需求，必须着重优化数字图书资源建设结构，创设良好的三维虚拟环境，提高图书馆的可视化效果，完善数字图书馆的互动与感应系统，使图书馆交互效果更好。

对于当代数字图书馆资源建设结构，在其优化工作中构建虚拟漫游系统较为重要，该系统可让用户在本馆自由漫步，了解内部馆藏书籍和图书馆分布结构，进行直观体验，同时享受交互式咨询服务，深入了解本馆运行机制。

读者点击屏幕上的左转、前进、右转、后退、向上、向下等手势，便可游览图书馆各个楼层及其内部结构，了解本馆真实情景，自由挑选喜欢的图书，如同置身真实的图书馆内。

虚拟漫游系统能够将可视化书籍内容嵌入网页，读者在浏览网页的同时很容易激发求知欲，进行点击阅读，查询三维展示信息，体验虚拟在线服务，获取海量信息。

5.4.3 改善数字图书馆信息检索模式

完善数字图书馆信息检索模式，优化图书馆借阅服务结构，应充分启用自动化的软件检索、搜寻文献书籍，为广大读者提供便利。基于 VR 技术的数字图书馆自动化管理，有利于增加图书馆的利用率，节省了人力、物力，拓宽了书籍文献的选择空间和阅读时间。

VR 技术能够合理规划图书馆 24 h 的检索服务，方便读者前来查阅，保证合理有效的开放时间，简化数字图书借阅的流程，增加图书馆的书籍数量，使读者的借阅行为更加主动、高效。

参考文献

[1] X Du. Plane Design of Digital Community Based on 3D Visualization Technology [C]. 2016 International Conference on Intelligent Transportation, Big Data & Smart City (ICITBS), 2016, pp. 121-124, doi: 10.1109/ICITBS.2016.140.

[2] 韦杨．基于 Unity 的虚拟校园系统的设计与实现 [D]. 南宁：广西大学，2020. DOI: 10.27034/d.cnki.ggxiu.2020.002122.

[3] 赵淼首．基于 3D MAX 的青海师范大学虚拟校园系统设计 [D]. 西宁：青海师范大学，2017.

[4] 刘莎．基于 3D MAX 城市三维建模与精度的研究 [D]. 兰州：兰州交通大学，2015.

[5] Chuanli Kang, Yanliu Zhou, Xianyue Liang. Research on 3D virtual campus scene modeling based on 3ds Max and VRML [C]. Proc. SPIE 9808, International Conference on Intelligent Earth Observing and Applications 2015, 98083L (9 December 2015); https://doi.org/10.1117/12.2200970.

[6] L Xin. Artistic Conception Animation Design Based on 3D MAX [C]. 2014 Sixth International Conference on Measuring Technology and Mechatronics Automation, 2014, pp. 155-158, doi: 10.1109/ICMTMA.2014.41.

[7] H Yutong, F Wenlong, F Yinshuang. Research on model optimization based on 3DS max modeling [C]. 2018 IEEE International Conference on Applied System Invention (ICASI), 2018, pp. 726-729, doi: 10.1109/ICASI.2018.8394362.

[8] Wang Li. Design and Realization of Scenes of 3D Virtual Digital Library [C]. 2019 J. Phys.: Conf. Ser. 1187 052060,

[9] A Kolesova. Creating a brand character for making animations in 3D graphics editor [C]. 2020 IOP Conf. Ser.: Mater. Sci. Eng. 962 032039.

[10] Feng Kai Wen, et al. 3D visualization of urban underground pipelines by using SuperMap [C]. 2019 IOP Conf. Ser.: Earth Environ. Sci. 295 042060.

[11] 高丽娜．虚拟现实引擎中可见性裁减问题的研究 [D/OL]. 南京：南京工业大学，2006. https://kns.cnkinet/KCMS/detail/detail.aspx? dbcode = CMFD&dbname =

CMFD2007&filename=2007035856. nh&v=.

[12] 杨青，钟书华．国外“虚拟现实技术发展及演化趋势”研究综述 [J/OL]. 自然辩证法通讯，2021，43 (3)：97 - 106. DOI：10.15994/j.1000 - 0763.2021.03.013.

[13] Dani M N J. Impact of virtual reality on gaming [J]. Virtual Reality，2019，6 (12)：2033 - 2036.

[14] 刘卓．虚拟现实家装系统的设计与实现 [D]. 南京：东南大学，2019.

[15] 张鹏飞．基于 Unreal Engine 的室内外一体化真三维虚拟校园环境构建 [D]. 武汉：华中师范大学，2019.

[16] 王梦茹. 基于 Unreal Engine4 的虚拟建模研究 [J]. 计算机应用信息技术与信息化，2021 (4)：64 - 66.

[17] 徐丙立，荆涛，林珲，等．利用 CryEngine 构建虚拟地理环境 [J]. 武汉大学学报信息科学版，2017，42 (1)：28 - 34.

[18] Ng W K . Mobile robot simulator with jmonkeyengine (java base programming) [J]. 2015.

[19] 杨青，钟书华．中国虚拟现实技术发展研究：回顾与展望 [J]. 科学管理研究，2020.

[20] 张州．浅谈虚拟现实系统的输入设备 [J]. 黑龙江科技信息，2015 (17)：81 - 82.

[21] 晏锦．虚拟现实硬件交互设备与产品分析 [J]. 信息与电脑，2019 (13)：9 - 10.

[22] 范丽亚，马介渊，张克发，等．虚拟现实硬件产业的发展 [J]. 科技导报，2019，37 (5)：81 - 88.

[23] 杨欢，刘小玲．虚拟现实系统综述 [J]. 软件导刊，2016，15 (4)：35 - 38.

[24] 刁梁．面向虚拟现实应用的数据手套研制 [D]. 南京：东南大学，2016.

[25] 刘笑宇，等. 虚拟康复的新进展：基于力触觉反馈的上肢运动功能评估 [J]. 中国科学基金，2022，36 (2)：214 - 224.

[26] 吕翀．基于电刺激的虚拟现实力反馈技术研究 [D]. 广州：华南理工大学

[27] Dangxiao W，Yuan G U O，Shiyi L I U，et al. Haptic display for virtual reality: progress and challenges [J]. Virtual Reality & Intelligent Hardware，2019，1 (2)：136 - 162.

[28] Perret J，Vander Poorten E. Touching virtual reality: a review of haptic gloves [C] //ACTUATOR 2018; 16th International Conference on New Actuators. VDE，2018：1 - 5.

[29] Suzaki Y，Kobayashi M. Air jet driven force feedback in virtual reality [J]. IEEE computer graphics and applications，2005，25 (1)：44 - 47.

[30] Lecon C, Engel B, Schneider L. VR Live Motion Capture [C] //2021 16th International Conference on Computer Science & Education (ICCSE). IEEE, 2021: 144-149.

[31] 姚保岐．面向虚拟互动系统的多视角动作捕捉方法研究 [D]. 北京：北京邮电大学，2021.

[32] 牟茜茜，吕晓华．动作捕捉专利技术综述 [J]. 中国科技信息，2018 (18): 25-26.

[33] Li C Y, Tang B H. Research on voice interaction technology in vr environment [C] //2019 International Conference on Electronic Engineering and Informatics (EEI). IEEE, 2019: 213-216.

[34] 刘柏亨．基于 VR 的辽沈战役纪念馆场景交互设计研究 [D]. 哈尔滨：哈尔滨工业大学，2019.

[35] 翁冬冬，薛雅琼．虚拟环境中人和虚拟角色互动的关键技术 [J]. 中兴通讯技术，2017 (6).

[36] Joo H J, Jeong H Y. A study on eye-tracking-based Interface for VR/AR education platform [J]. Multimedia Tools and Applications, 2020, 79 (23): 16719-16730.

[37] PATNEY A, SALVI M, KIM J, et al. Towards Foveated Rendering for Gaze Tracked Virtual Reality [J]. ACM Transactions on Graphics, 2016, 35 (6): 179.

[38] 侯守明，贾超兰，张明敏．用于虚拟现实系统的眼动交互技术综述 [J]. 计算机应用，2022.

[39] 徐越．沉浸式虚拟现实头盔显示器光学系统的研究 [D]. 苏州：苏州科技大学，2019.

[40] 高源，刘越，程德文，等．头盔显示器发展综述 [J]. 计算机辅助设计与图形学学报，2016, 28 (6): 896-904.

[41] Cruz-Neira C, Sandin D J, De Fanti T A. Surround-screen projection-based virtual reality: the design and implementation of the CAVE [C] //Proceedings of the 20th annual conference on Computer graphics and interactive techniques. 1993: 135-142.

[42] 王琛，谢欣．沉浸式虚拟现实融入戏剧舞台的设计与实现——以哈工大机器人表演数字小剧场为例 [J]. 四川戏剧，2020 (2): 16-19.

[43] 林涵容，管曙光．3D 眼镜的分类及原理 [J]. 物理教学，2020.

[44] 郝琦．波分式 3D 眼镜多通道滤光膜的研制 [D]. 长春：长春理工大学，2019.

［45］ 张屹东．全景视场裸眼三维显示技术的研究［D］．上海：中国科学院大学（中国科学院上海技术物理研究所），2018.

［46］ 苑梦斯，刘列武，毛蕤，等．旋转柱状简单 3D 显示器设计［J］．电子测试，2020.

［47］ Campbell J O，Ta V，Cassinelli A，et al. Project ariel：An open source augmented reality headset for industrial applications［C］//Adjunct Proceedings of the 2021 ACM International Joint Conference on Pervasive and Ubiquitous Computing and Proceedings of the 2021 ACM International Symposium on Wearable Computers. 2021：462－466.

［48］ 周忠，周颐，肖江剑．虚拟现实增强技术综述［J］．中国科学：信息科学，2015，45（2）：157－180.

［49］ 翟秀凤，胡大敏，刘景亮．New IT 技术驱动下数字孪生图书馆虚实空间融合机理［J］．新世纪图书馆，2022（2）：16－22.

［50］ 段超．数字图书馆中虚拟现实技术的应用研究［J］．智能城市，2021，7（5）：41－42.

［51］ 方宇．数字化背景下虚拟现实技术在公共图书馆中的运用研究［J］．科技资讯，2021，19（30）：141－143.

［52］ 李玉洁．VR 技术在高校图书馆建设中的适用性研究［J］．科技资讯，2020，18（25）：194－196.

［53］ 刘进．数字图书馆与虚拟现实技术融合机制研究［J］．信息记录材料，2021，22（9）：55－56.